数码摄影与视频拍摄基础教程

雷波◎编著

化学工业出版社
·北京·

内 容 简 介

本书讲解了使用数码单反相机的各项摄影理念、实用菜单功能和各类题材中的实拍技巧等，通过先学习摄影理念、菜单功能，再接着学习曝光功能、器材、用光与构图等方面的知识，最后学习生活中常见的题材拍摄技巧，让读者迅速上手数码单反相机。相信通过本书的学习，读者可以全面掌握数码单反相机的拍摄功能，拍出的美图成为朋友圈最靓丽的风景线。

随着短视频和直播平台的发展，越来越多的朋友开始使用相机录视频、做直播，因此，本书专门通过三章内容来讲解了拍摄短视频需要的器材、需要掌握的参数功能、镜头运用方式以及相机拍摄视频的基本操作与菜单设置，让读者紧跟潮流玩转新媒体。

本书附赠一套398分钟的视频教学课程，一本人像摆姿摄影电子书（PDF），一本花卉摄影欣赏电子书（PDF），一本鸟类摄影欣赏电子书（PDF），一本建筑摄影欣赏电子书（PDF）和一本常见题材拍摄技法电子书（PDF），获取方式详见封底。

图书在版编目（CIP）数据

数码摄影与视频拍摄基础教程 / 雷波编著. —北京：化学工业出版社，2023.11

ISBN 978-7-122-44025-9

Ⅰ. ①数… Ⅱ. ①雷… Ⅲ. ①数字照相机－摄影技术－教材 ②视频制作－教材 Ⅳ. ①TB86②J41③TN948.4

中国国家版本馆CIP数据核字（2023）第153153号

责任编辑：李　辰　孙　炜　　　封面设计：异一设计
责任校对：宋　夏　　　装帧设计：盟诺文化

出版发行：化学工业出版社（北京市东城区青年湖南街13号　邮政编码100011）
印　　装：北京瑞禾彩色印刷有限公司
710mm × 1000mm　1/16　印张$11^1/_2$　字数274千字　2024年1月北京第1版第1次印刷

购书咨询：010-64518888　　　售后服务：010-64518899
网　　址：http://www.cip.com.cn
凡购买本书，如有缺损质量问题，本社销售中心负责调换。

定　　价：78.00元

前 言

摄影是技术与艺术高度融合的艺术门类，拍摄者不仅要能够娴熟地操控相机、理解主要摄影理念，还必须具备一定的艺术修养，才有可能拍出佳作。

本书正是为单反摄影爱好者量身打造的，指导读者如何在较短时间内用好相机、学好理论、拍好照片和视频及后期修饰照片的综合摄影教程。本书从摄影知识、相机菜单功能及题材实拍技巧3个方面，对相关知识点进行了深入剖析和详细讲解，并配以大量精美的照片，以引领读者快速进入摄影殿堂，掌握摄影的核心理念与技能。

从本书的内容结构划分来看，第1、2章及第5、6章属于摄影知识讲解，主要讲解了学习摄影要了解的基本观念、相机的基本掌握方法及拍摄三部曲、镜头和附件、用光和构图等摄影基础知识。尤其需要指出的是，摄影是“光”与“影”的艺术，不懂光影运用技巧只能停留在“拍照”的层次；而“构图”则是照片的骨架，构图完美是好照片的标准之一，因此学好这些知识点很重要。

第3章和第4章属于相机菜单功能讲解。在第3章中讲解了用数码单反相机拍摄时常用的相机菜单功能，通过学习这些菜单功能，可以让拍摄更加符合摄影师的拍摄需要，并且还能节约拍摄时间；在第4章中除了讲解拍摄时需要掌握的光圈、快门速度和感光度曝光三要素知识外，还讲解了景深、拍摄模式、曝光补偿、测光模式、对焦模式、白平衡及包围曝光等重要摄影知识，综合掌握这些知识点，是拍出好照片的前提条件。

第7~10章属于题材实拍技巧，对商业摄影、人像、风光、建筑、城市夜景等多种常见摄影题材的拍摄技法及拍摄要点进行了深入剖析，相信通过学习本书辅以适当练习，各位摄影爱好者在拍摄这些题材时，一定能够有所收获。

相信各位在对本书进行学习后，不但可以掌握摄影与视频拍摄的基础、进阶技巧，更重要的是可以将两者融会贯通，呈现更出色的影像效果。

随着短视频和直播平台的发展，越来越多的朋友开始使用相机录视频、做直播，因此，本书专门通过第11章、第12章及第13章，这三章内容讲解了拍摄短视频需要的器材、需要掌握的参数功能、镜头运用方式以及相机拍摄视频的基本操作与菜单设置，让读者紧跟潮流玩转新媒体。

本书附赠一套398分钟的视频教学课程，一本人像摆姿摄影电子书（PDF），一本花卉摄影欣赏电子书（PDF），一本鸟类摄影欣赏电子书（PDF），一本建筑摄影欣赏电子书（PDF）和一本常见题材拍摄技法电子书（PDF），获赠方法为关注“好机友摄影”微信公众号，并在公众号界面回复本书104页最后一个字。

另外，如果选择本书作为教材，请发邮件至399639466@QQ.com索取PPT讲义。

为了方便交流与沟通，欢迎读者朋友添加我们的客服微信hjysysp，与我们在线交流，也可以加入摄影交流QQ群（528056413），与众多喜爱摄影的小伙伴交流。如果希望每日接收新鲜、实用的摄影技巧，可以关注我们的微信公众号“好机友摄影”；或在今日头条搜索“好机友摄影”“黑冰摄影”，在百度App中搜索“好机友摄影课堂”“北极光摄影”，以关注我们的头条号、百家号；在抖音搜索“好机友摄影”关注我们的抖音号。期待与大家一起学习，共同进步。

编著者

目　录
CONTENTS

第1章　学习摄影必须了解的基本观念

第2章　第一次用相机就上手

第 3 章 拍摄事半功倍的菜单设置

第 4 章 深入理解曝光与对焦

第 5 章 认识相机的搭档——镜头与附件

第 6 章 完美用光与构图攻略

第 7 章 商业摄影实战

第 8 章 轻松拍出甜美的人像

第 9 章　轻松拍出唯美风光

第 10 章　轻松拍出建筑韵律与夜景酷炫感

第 11 章　拍视频要理解的术语及必备附件

第 12 章　拍视频必学镜头语言与分镜头脚本

第13章 佳能及索尼相机录制视频方法

第1章 01 学习摄影必须了解的基本观念

器材观，了解摄影与器材的关系

器材好，拍的照片不一定好

著名的摄影大师，如布列松、何藩、森山大道等使用的相机，其性能与当今的旗舰级单反、微单相比，都相差甚远，但他们的作品直到今天，依然可以令无数观者沉迷其中。而很多摄影爱好者，手持几万元甚至十几万元的相机、镜头，依然拍不出令人眼前一亮的作品。所以，拥有高端的器材不意味着能拍出好看的照片。真正重要的是拍摄者的想法、思考，以及照片内容能否满足观者的视觉欲望。

懂器材不等于懂摄影

不要以为懂器材就等于懂摄影，器材只是摄影的工具。就好像铅笔、马克笔、毛笔都是绘画的工具一样，能够熟练运笔不等于会画画，那么知道如何使用相机，也不等于会摄影。

要想学习摄影，必须先掌握器材的使用方法，这是前提，是基础。接下来才能将拍摄想法、预期效果，准确、完美地通过画面进行表达。

爱护器材，但不要不舍得用

即便是中端甚至低端摄影器材，其价格也往往不菲，因此，会出现舍不得用、怕用坏了的情况。事实上，任何一款合格的摄影器材，都经过高强度的使用测试，其耐用度是有保证的。况且器材作为摄影的工具，使用过程中出现损耗在所难免。如果真能正常使用，直至器材无法工作，也算充分发挥了其价值。

不同的器材实现不同的效果

在选择器材之前，要先确定预期拍摄效果。广角镜头容易拍出大场景风光的视觉冲击力，长焦镜头容易拍出局部小景的静谧之美，不同的器材有其擅长的拍摄效果。所以，虽然好的器材不代表能拍出好照片，但合适的器材，却能让拍出的效果更贴近预期。

↑平时将摄影器材分类装好，使用时常规操作就行

高端器材带来的优势

既然能否拍出好照片与器材没有直接关系，那么高端器材就真的毫无用处吗？当然不是。高端器材与普通器材相比，在相同环境下，确实能拍出画面清晰度、宽容度、色彩等更出色的照片。所以，在商业摄影领域，为了能够让摄影产品更具竞争力，高端器材确实能带来一定帮助。

另外，对于个别摄影题材，如鸟类摄影、体育摄影、微距摄影等，高端器材可以显著降低拍出优秀照片的难度。例如，对于体育摄影而言，当使用一款连拍速度能达到 20 张 / 秒的相机时，其捕捉到精彩瞬间的可能性肯定远高于连拍速度只能达到 10 张 / 秒的相机。

消费观，合理分配有限预算

三成预算买相机

这里的“三成”只是大概，主要是想告诉各位，分配给相机的预算可以少一些，其原因主要有如下 3 个：

首先，作为摄影初学者，即便是入门级 APS-C 幅单反相机，其功能已经可以满足读者进行专业摄影的学习及实践拍摄。

其次，刚开始学摄影时，无法确定主要拍摄的题材，也就无法确定相机的哪些性能对于自己而言更重要，很容易出现“买错”相机的情况。

最后，相机的更新换代速度很快，最好在能够通过摄影赚取一定收益后，再考虑购买相对昂贵的器材，以充分挖掘其价值，降低摄影成本。

六成预算买镜头

同样，这里的“六成”预算也只是大概，目的在于告诉读者，预算的大部分，应该用来购买镜头，其原因主要有如下两个：

首先，在摄影学习过程中，需要尝试拍摄各种题材，如人像、风光、纪实、静物等。而不同题材的常用焦段是有区别的，即便是同一题材，利用不同焦段也能拍出截然不同的视觉感受。所以，在不考虑大变焦比镜头的前提下（大变焦比镜头成像质量较差），往往需要购买多支镜头才能满足学习需求。

其次，镜头更新换代周期长，更保值。一款高素质的镜头，即使用 5~10 年也不会被淘汰。即便更新换代，在成像质量上也不会有太大的提高。所以，建议在预算范围内买好镜头。

↑ 购买镜头时可以在官方见镜站筛选，如佳能的 https://www.canon.com.cn/special/lensguidelist/index.html

一成预算买配件

需要注意的是，“一成预算买配件”只限于在摄影学习阶段。当从事摄影工作后，买配件的花销甚至要高于买机身加镜头花销的总和。

基本的摄影配件包括摄影包、三脚架、快门线等。刚开始学摄影时，不需要买高端的，能用即可。例如，200 元左右的三脚架、100 元左右的摄影包、30 元左右的快门线就非常实用，完全可以伴你度过整个摄影学习阶段。

当从事摄影工作后，为了拍出更高品质的照片，克服更恶劣的环境，配件的成本也会随之上升。例如，为了实现棚内高频连续闪光拍摄，需要购买回电速度快的闪光灯，其单支价格可能为几万元；再如，为了在大风天气下让相机更稳定，需要购买高端三脚架，其价格在万元左右的也屡见不鲜。

三脚架

阶段观，了解摄影学习的不同阶段

阶段一：掌握器材的使用方法

摄影学习的第一步，就是掌握如何使用相机等器材，拍出亮度正常且清晰的照片。这个时候也许拍出的照片不好看，甚至是比较难看，但在成像质量上，应该达到一定的水平。同时，对于一些常用的拍摄技术，如超景深技术、全景技术及景深合成（前期拍摄）等，应该熟练掌握。

阶段二：避免随手拍

摄影学习的第一个阶段就是避免“随手拍”。所谓“随手拍”，指那些在构图、用光、色调等方面未经思考就草率按下快门拍摄的照片。在经过初步的学习后，应该在每次按下快门前，都能够明确画面中的主体，并尝试通过构图突出主体在画面中的表达。

阶段三：有意识地营造画面美感

“营造美”“表现美”是摄影的重要目的之一。如果想拍出好看的照片，就需要有意识地寻找拍摄角度，等待并利用光线，发现并营造色彩，这一切都离不开拍摄者不断地思考。

发现产生拍摄冲动的场景后，如果能够有意识地营造美，就证明已经入门摄影，接下来就可以继续进行更深入的学习了。

阶段四：通过画面表现观念与思考

在能够拍出有美感的照片之后，可以尝试通过画面来表现个人的观念与思考。此阶段的难点在于需要提高个人文化素养，养成对生活、对社会思考的习惯，并能够敏锐发现平常景物中的特别之处，将观念图像化，让观者在被画面吸引的同时也陷入思考。

需要强调的是，虽然通过画面表现观念与思考是对拍摄者的更高要求，但并不是一张优秀的摄影作品就必须蕴含着独特的观念或深刻的含义。如果可以将一个场景的美表现到极致，即便没有什么思想与内涵，依旧是一张佳作。反之，如果一张照片表现出了一定的观念，但形式感、美感欠佳，依然不会被认同。

所以，“通过画面表现观念与思考”虽然是提高摄影水平的必经阶段，却不是优秀摄影作品必须具备的特点。

↑ 摄影师将表现主体确定为花朵上的露珠（焦距：100mm ┆ 光圈：F5.6 ┆ 快门速度：1/500s ┆ 感光度：ISO200）

↑ 以红叶为前景拍摄，让画面变得更唯美（焦距：50mm ┆ 光圈：F8 ┆ 快门速度：1/200s ┆ 感光度：ISO100）

学习观，怎样学习摄影才更有效率

多拍、多练、多实践

在上文介绍的摄影学习“阶段一”和“阶段二”中，最有效的学习方法就是多拍、多练。无论是器材的使用，还是培养确定画面主体的意识，都可以通过大量练习而熟能生巧。在不断拍摄的过程中，会逐渐遇到瓶颈，此时拍摄量会大幅下降，也就自然地进入到上文提到的“阶段三”。

看优秀摄影作品

当对所拍照片的美感有更高要求后，就需要看大量优秀的摄影作品，并从中分析出表现画面美感的关键所在，这也是通过欣赏优秀摄影作品学摄影的关键所在。

那么如何才能找到营造美感的关键呢？通常从以下 3 点进行分析。

第一点，看画面的明暗分布。优秀的摄影作品的明暗分布往往具有很强的设计感。有时通过强烈的明暗对比营造视觉冲击力，有时通过柔和明暗过渡去表现丰富的细节。当发现某种明暗分布可以极大地提升画面美感之后，就要在现实中有意识地去寻找类似的场景，或者能形成该效果的光线。

第二点，看画面虚实。虚实也是营造画面美感的关键之一。通过分析优秀摄影作品中哪部分实、哪部分虚，起到了什么作用，营造出了何种视觉感受，可以让自己在摄影创作过程中有更多想法。

第三点，观察照片中的点、线、面。在优秀的摄影作品中，点、线、面的分布往往具有一定的形式感。学习其布局方式，可以让构图更灵活。

练就摄影眼，随时随地“拍摄”

如果练就了摄影眼，即便没拿相机、手机也可以“摄影”。这样就能实现在任何时间、地点，随时让自己进入拍摄状态。

那么何为摄影眼？

摄影眼其实就是通过大量的拍摄，记住不同焦段镜头拍出画面的视觉感受。从而在没有举起相机的时候，在脑海中就能想象出使用不同焦段镜头拍出的效果。

如果练就了摄影眼，在拍摄同一个场景时，就可以快速在脑海中模拟出大量不同角度、不同焦段镜头所拍画面的效果，从而表现出“看一眼就知道该怎么拍”的能力。

从“摄影学习”的角度出发，“摄影眼”可以真正实现将摄影融入生活，在任何时间、地点都能够训练构图、用光等能力。

单独练习效果更好

结伴练习摄影会更热闹，也会更轻松，毕竟有个人可以聊聊天，说说话。但交流的过程最好放在拍摄后，根据照片进行交流，而不是在拍摄过程中。

因为拍摄过程中的交流会打断思考，从而失去一些“灵光乍现”的拍摄机会。同时也会让自己不够专注，无法全身心进入到拍摄状态。

当然，对于人像摄影这一题材，一个人是无法完成的，所以，要提前找好形象、气质与画面风格相符的模特。目前有些平台可以邀约互拍互免，可以通过微信查找。

个 以透视牵引线构图拍摄，表现出了建筑的线条感（焦距：17mm ┆ 光圈：F10 ┆ 快门速度：1/2s ┆ 感光度：ISO100）

个 等待行人走到手指下方时拍摄，让画面变得诙谐有趣（焦距：100mm ┆ 光圈：F8 ┆ 快门速度：1/200s ┆ 感光度：ISO160）

审美观，技术决定下限，审美决定上限

技术是常量

摄影中有很多拍摄技术，如慢门、摇拍、超景深、全景等。这些技术都有明确的操作方法，只要多加练习，就一定可以学会。因此，“摄影技术”不会成为水平提高的瓶颈，它是每一位摄影师的基本功，是必须掌握的。但掌握了技术，不代表就能拍出优秀的摄影作品。这就好像会写字的人很多，但字写得好看的人会少一些，能成为书法家的，更是寥寥无几。

审美是变量

审美水平与摄影水平的关系非常密切。因为每个人都是根据个人的审美来判断怎么拍更好看。所以，审美水平高的人，对自己照片的要求也高。可能在初学摄影时，拍摄技术还无法实现脑海中的画面，但随着技术的提高，当知道脑海中的画面如何呈现时，就会拍出更优秀的作品。

提高审美的方法

提高审美水平最有效的方法，就是多参观各种艺术展。不要局限于摄影展，像绘画展、雕塑展等与艺术相关的展览都应该多多参加、在学习初期，很多作品都看不明白，或者似懂非懂，这是很正常的。因为即便是资深的图片编辑、策展人、评论家，在看到一些作品时，也无法准确分析出或者说没有必要分析出创作者的想法。重要的是你在看到这些作品时的感受。

当看得展足够多了，就会潜移默化地使你有能力去欣赏更多维的，更多形式的作品，进而激发个人的创作欲望，在提高审美的同时，也可以提高摄影水平。

↑伊凡·康斯坦丁诺维奇·艾瓦佐夫斯基《九级浪》

↑让-弗朗索瓦·米勒《拾穗者》

←萨尔瓦多·达利《站在窗边的女孩》

系统观，摄影不止“摄影”

摄影不是拍照

“拍照”更多的只是一个按快门的动作，是一种简单的“记录”，而摄影更多的是一种“创造”，需要通过图片去表达，通过图片展示自己的想法。所以，对于摄影而言，“主观性”非常重要，其中包含了更多的思考。

摄影是一个流程

一提到摄影，想到的就是拍摄过程。但摄影其实是一个更庞大的流程，它应该包括主题构思、场地选择、拍摄计划、正式拍摄、选片及后期出片这 6 个基本步骤。所以，一张或者是一组优秀的摄影作品，绝不是凭借“运气”就能拍到，而是整个流程高水平完成的结果。

后期对于摄影的意义

可能是受胶片摄影时代的影响，有些人追求所谓的“直出”。也就是不对照片进行后期处理，按下快门后，画面效果就确定了。

在胶片摄影时代，照片效果其实也不是在按下快门那一刻就确定了，还需要在暗房中进行洗印。在洗印过程中，照片的明暗分布、色彩等依旧是可以调整的，这也被称为“暗房技术”，其实就是胶片时代的后期。

所以，对照片进行后期处理，并不是数码时代特有的产物，早在胶片时代，就已经存在了，如今的 Photoshop、Lightroom 等软件被称为“数码暗房”。因此，后期对于摄影而言，不是画蛇添足，也不是弄虚作假，而是基本摄影流程之一，是对照片的二次创造。更何况，在拍摄 jpeg 格式的照片时，相机会自动对照片进行“机内后期”，当我们看到时，就已经被修改了。所以是否做后期的区别就仅仅在于，是将后期的权利交给相机，还是交给我们自己。

↑ 通过后期提亮前景，冰蓝色的冰洞增强了画面的视觉冲击力（焦距：16mm ┆ 光圈：F14 ┆ 快门速度：1/100s ┆ 感光度：ISO100）

↑ 人像一般是需要进行后期处理的，将人像后期处理为复古风格（焦距：80mm ┆ 光圈：F4 ┆ 快门速度：1/500s ┆ 感光度：ISO160）

就业观，学摄影的出路

商业摄影师

学习摄影后的就业方向就是做一名商业摄影师。当然，可以根据自己的喜好和善于拍摄的题材选择是当婚纱摄影师、儿童摄影师，还是广告摄影师、产品摄影师等。也可以去综合性的摄影工作室工作，在这里拍摄的类别会更多。

鉴于目前网购已经成为主流的购物方式，所以对图片的需求量非常大。尤其是一些三、四线城市，具有一定水平的摄影师比较匮乏，发展前景非常好。

自由摄影师

自由摄影师往往是各大图片库的签约摄影师。目前国内的图片版权意识已经比较重，所以图片库的收入也在不断提升。一旦所拍图片被用到一些商业化项目中，可以拿到可观的分成，但要求摄影师的功底要足够深厚，否则很难让自己的照片从海量图片中脱颖而出。

自媒体从业者

如果具有一定的拍摄经验和能力，并且积累了部分作品，那么可以在各大短视频平台或者微信公众号、头条号、百家号等分享自己的摄影经验和见解，从而积累粉丝，获得流量，进而通过打广告、卖商品等方式将流量变现。如果可以持续创作出优质内容，还可以通过平台分成、活动奖励等获得一定的收入。

公司摄影部

进入广告公司摄影部工作也是就业方向之一。当然，除了广告公司，一些大型公司也会招聘全职的摄影人员。此类工作相对更为稳定，但因为人员需求较少，所以入职难度会比较大。在平常学习时大家一定要努力、认真，打下扎实的基础，并在此基础上不断提高自己，这样在就业时才能更顺利。

↑ 商品摄影是自由摄影师的一种赚钱方式（焦距：100mm ┆ 光圈：F5.6 ┆ 快门速度：1/320s ┆ 感光度：ISO200）

↑ 人像写真也是商业摄影的一种类型（焦距：70mm ┆ 光圈：F5.6 ┆ 快门速度：1/500s ┆ 感光度：ISO100）

第2章 02 第一次用相机就上手

佳能数码单反相机的基本使用方法

对于摄影初学者来说，首先需要掌握相机的使用方法，当使用佳能数码单反相机时，要掌握相机的取景器、液晶显示屏、肩屏、按钮及菜单功能的使用方法。下面讲解一下基本使用方法。

佳能 5D Mark Ⅳ相机背面结构

拍摄时的取景构图，一般是通过相机的取景器来操作的。打开相机电源和镜头盖后，便可以在取景器中观察到拍摄场景，用户可以查看取景器来获得拍摄画面效果。取景器中除了会显示拍摄场景外，还有一些简单的曝光参数，方便用户了解曝光信息。

如果是拍摄环境光线弱、需要精细对焦及录制视频的这三种拍摄情况时，则可以通过液晶显示屏来取景拍摄，拨动实时显示拍摄 / 短片拍摄开关，将此开关设置为▲，可以选择实时显示拍摄，切换至'▀可以切换为视频拍摄。液晶显示屏还可以用于查看照片和菜单功能设置，当按下播放按钮时，液晶显示屏上会显示拍摄的照片，配合相应的按钮，用户可以进行放大和缩小查看照片，以及删除照片操作。当按下 MENU 按钮后，液晶显示屏上会显示相机的菜单功能，当按下 Q 按钮后，液晶显示屏上会显示相机的速控屏幕，在这两种界面下，用户可以配合方向键和速控转盘来改变菜单功能设置。近年佳能的新款单反相机的液晶显示屏都是触摸屏，可以像操作智能设备一样方便地操作相机。

夕阳光线变化较快，因此熟练操作相机很重要（焦距：70mm ┆ 光圈：F8 ┆ 快门速度：1/1000s ┆ 感光度：ISO200）

肩屏又称控制面板，只有在佳能数码单反相机的中、高端型号上才会配备。肩屏位于相机的顶部，提供常用的参数信息，当用户按下相应的按钮配合主拨盘或控制转盘改变参数时，便会在肩屏上显示，方便用户在拍摄过程中进行操作与查看。

佳能数码单反相机在机身上提供了数十个按钮，这些按钮中有些按钮只有一个功能，如MENU、▶、🗑按钮等，直接按下按钮便可以跳转界面。而有些按钮则包含两个不同的功能，在不同的状态下，按下按钮可以起到不同的作用，如⊞/🔍按钮，在拍摄状态下，按此按钮可以用来选择自动对焦点，而在播放照片状态下，按此按钮则会放大显示照片。还有些按钮需要在按下不放手的情况下，配合主拨盘或速控转盘来使用，根据转动的拨盘的不同，按钮所起的作用也不相同，如WB·⦿按钮，如果按下此按钮并转动速控转盘，可以设置白平衡模式，如果按下此按钮并转动主拨盘，则可以设置测光模式。

佳能数码单反相机的菜单功能非常强大，熟练掌握菜单相关的操作，可以帮助我们进行更快速、准确的设置。佳能相机一般提供了拍摄菜单📷、回放菜单▶、设置菜单🔧、自定义功能菜单📷.及我的菜单★ 5个菜单设置页，在操作时，先按MENU按钮，在液晶显示屏上显示菜单，然后按Q按钮，可在各个主设置页之间进行切换，按◀或▶方向键选择第二设置页，按▲或▼方向键选择菜单项目，按SET按钮确定操作。如果是触摸屏的相机型号，也可以通过点击设置图标的方式触摸选择。

请按前言中所讲方法通过附赠视频课学习佳能数码单反相机的操作。

佳能 5D Mark Ⅳ相机顶面的肩屏

熟练操作相机，在拍摄人像时可以减少模特的等待时间（焦距：85mm ┆ 光圈：F2.8 ┆ 快门速度：1/250s ┆ 感光度：ISO100）

尼康数码单反相机的基本使用方法

尼康数码单反相机的取景器、液晶显示屏、肩屏、按钮及菜单功能的使用方法，大体上和佳能相机差不多，只是有一些细微的差别。

尼康数码单反相机的取景器的使用方法与佳能相机的一样，开机后便可以在取景器中观察画面。

如果是拍摄环境光线弱、需要精细对焦及录制视频的这三种拍摄情况时，则可以通过液晶显示屏来取景拍摄。拨动即时取选择器为📷，可以在即时取景状态下拍摄照片，当即时取选择器至🎥时，可以切换为视频拍摄。液晶显示屏还可以用于查看照片和菜单功能设置，当按下播放按钮时，液晶显示屏上会显示拍摄的照片，配合相应的按钮，用户可以进行放大和缩小查看照片，以及删除照片的操作。当按下MENU后，液晶显示屏上会显示相机的菜单功能，当按下info按钮后再按i按钮，液晶显示屏上会显示相机快速菜单，在这两种界面下，用户可以配合多重选择器来改变菜单设置。近年尼康的一些新款单反相机的液晶显示屏也提供了触摸屏，支持触摸操作。

尼康数码单反相机的中、高端型号提供有肩屏，除了有光圈、快门和感光度参数外，还有曝光补偿、白平衡模式、测光模式、对焦模式等常用功能参数，也有电池电量、存储卡空间等信息，相机的档次越高，肩屏提供的信息越丰富，在操作时按住相应的按钮并同时转动主指令拨盘或副指令拨盘即可改变参数。

尼康D850相机背面结构

尼康数码单反相机机身上的按钮，有些按钮直接按下便可以跳转界面，如MENU、▶、🗑按钮等；有些按钮需按住按钮的同时转动主指令拨盘或副指令拨盘，可以改变不同的设置，如QUAL、WB、AF模式按钮等。还有一部分按钮包含两个或三个不同的功能，在不同的状态下，按下按钮可以起到不同的作用，如尼康D850相机的🔑/✎/?按钮，在查看照片状态时，按下此接钮可以保护该照片；在拍摄待机状态时，按下此接钮后屏幕中将显示优化校准列表，以便选择优化校准；在选择菜单命令或功能时，按下此按钮可查看相关的帮助与提示。

掌握相机的菜单操作方法是非常重要的，尼康相机提供了8个菜单设置页，即位于菜单左侧的各个图标，从上到下依次为放▶、照片拍摄📷、动画拍摄🎥、自定义设定✎、设定🔧、润饰☑、我的菜单🗐、“问号”图标（即帮助图标）。当“问号”图标出现时，表明有帮助信息，此时可以按下帮助按钮进行查看。在操作时，先按MENU按钮时，在液晶显示屏上显示菜单，然后按◀方向键切换至左侧的图标栏，再按▲或▼方向键选择菜单设置页，选择相应的设置页后，按▲和▼方向键选择菜单项目，然后按OK按钮确定操作。如果是触摸屏的相机型号，也可以通过点击设置图标的方式触摸选择。

请按前言所述的方法，通过附赠视频课学习尼康数码单反相机的操作。

索尼微单相机的基本使用方法

索尼微单相机在操作上与数码单反相机区别较大，但操作的思路是一样的。使用索尼微单相机拍摄时，主要掌握液晶显示屏、按钮及菜单功能的操作。

微单相机一般是通过液晶显示屏实时显示取景的，虽然也提供了电子取景器，但在观感上不如数码单反相机的舒适，用户可以通过“FINDER/MONITOR”菜单来选择显示方式。此外，液晶显示屏上还会显示曝光参数、电池电量、拍摄模式、测光模式等与拍摄有关的拍摄信息，用户可以通过按DISP按钮来切换不同的图像信息界面；播放照片和菜单功能设置同样是通过液晶显示屏显示，当按下播放按钮时，液晶显示屏上会显示拍摄的照片，配合相应的按钮，用户可以进行放大和缩小查看照片，以及删除照片的操作。当按下MENU按钮后，液晶显示屏上会显示相机的菜单功能，当按下Fn按钮后，液晶显示屏上会显示相机的快速菜单，在菜单界面，用户可以配合▲▼▲▼方向键和前后转盘来改变菜单设置。

索尼微单相机一般用液晶显示屏取景

微单相机实时取景的拍摄方式，很适合新手使用。而且机身小巧轻便，外出拍摄也轻松（焦距：20mm ┆ 光圈：F14 ┆ 快门速度：1/50s ┆ 感光度：ISO500）

索尼微单相机提供了模式转盘、曝光补偿转盘及数十个按钮。MENU、▶、DISP 按钮为直接按下按钮便可以跳转界面；有些按钮在按住按钮的同时转动前 / 后转盘，可以改变不同的设置，如 ISO、拍摄模式按钮等；而少部分按钮则包含两个功能，在不同的状态下，按下按钮可以起到不同的作用，如 AF-ON 按钮 / 放大按钮，在拍摄状态时，按此按钮可以对焦，在查看照片状态时，按此按钮可以放大照片。值得一提的是，索尼微单相机一般提供 1~4 个自定义按钮，这些按钮在默认设置下有相关的功能，用户还可以通过“自定义键”菜单，为它们另外分配功能，这样的设计大大提升用户的操控感。

个 索尼 A7RⅣ相机背面结构

索尼微单相机的菜单功能极为丰富且分类细致，一般包含“拍摄设置 1”“拍摄设置 2”“网络”“播放”“设置”及“我的菜单”6 个菜单设置页，在这 6 个大的菜单设置页中又包括 1~14 页不等的第二菜单设置页，因此，掌握与菜单相关的操作并了解各个菜单选项的意义，可以帮助用户更快速、准确地进行参数设置。在操作时，先按 MENU 按钮，在液晶显示屏上显示菜单，按控制拨轮上的▲方向键切换至上方菜单设置页，然后按◀和▶方向键在 6 个菜单设置页之间切换，选择好所需菜单设置页后按▼方向键，按◀和▶方向键选择当前菜单设置页下的第二设置页，在所选择的第二设置页界面中，按▲和▼方向键选择要设置的菜单项目，然后按下控制拨轮中央按钮进入其详细设置页，再转动控制拨轮或按▲和▼方向键选择所需菜单选项，设置完后按下控制拨轮上的中央按钮确定修改。

个 索尼微单相机可以根据拍摄需要选择创意风格菜单选项，得到色彩自然的画面（焦距：17mm ¦ 光圈：F8 ¦ 快门速度：1/250s ¦ 感光度：ISO100）

请按前言所讲的方法通过附赠视频课学习索尼微单相机的操作。

拍摄三部曲——拍前思考

在数码单反相机时代，摄影师没有了胶片成本的使用压力，拍摄照片的成本就是一点点电量和存储空间，因此，在按下快门拍摄前，往往少了深思熟虑，而在事后，却总是懊恼“当时要是那样拍就好了”。

所以，根据自己及教授学员的经验，笔者建议在按快门时要“三思而后行”，不是出于拍摄成本方面的考虑，而是在拍摄前，建议初学者从相机设置、构图、用光及色彩表现等方面进行综合考量，这样不但可以提高拍摄的成功率，也有助于养成良好的拍摄习惯，提高自己的拍摄水平。

↑快门按钮

以下图所示的仰视楼梯图片为例，笔者总结了一些拍摄前应该着重注意的事项。

← 仰视角度拍摄的楼梯照片，通过恰当的构图展现出其漂亮的螺旋状形态（焦距：18mm ┆ 光圈：F4.5 ┆ 快门速度：1/60s ┆ 感光度：ISO640）

用什么拍摄模式

根据拍摄对象是静态或动态，可以视情况进行选择。拍摄静态对象时，可以使用光圈优先模式，以便于控制画面的景深；如果拍摄的是动态对象，则应该使用快门优先模式，并根据对象的运动速度设置恰当的快门速度。对于手动曝光模式，通常是在环境中的光线较为固定，或对相机操控、曝光控制非常熟练、有丰富经验的摄影师来使用。

↑模式拨盘

对于这幅静态的建筑照片来说，适合用光圈优先模式进行拍摄。由于环境较暗，应注意使用较大的光圈，以保证足够的快门速度。由于使用了较小的广角焦距拍摄，即便光圈较大，也能够保证景深和画面清晰度。

用什么测光模式？测光位置在哪里？

数码单反相机主要提供了点测光、中央重点测光与评价（矩阵）测光 3 种模式，可以根据不同的测光需求进行选择。对这幅照片来说，要把中间的光源作为照片的焦点来吸引眼球，中间的部分应该是曝光正常的，这时可以选择用中央重点测光或点测光模式，测光点应该在画面中间的位置。

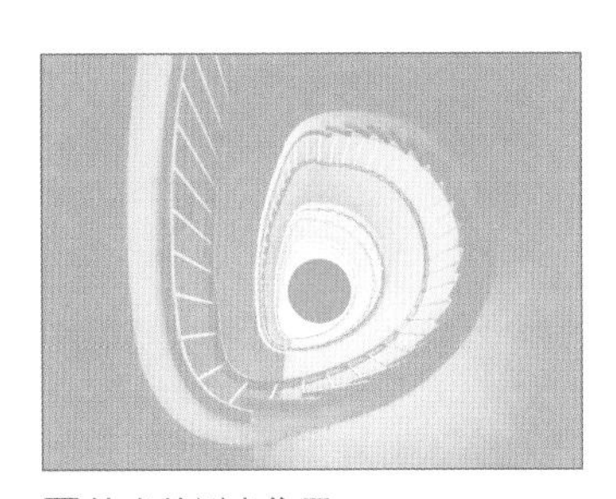

恰当的测光位置

用什么形式的构图？

现场圆形楼梯，在仰视角度下，形成自然的螺旋形构图，拍摄时顺其自然，采用该构图方式即可。使画面形成螺旋形状，并通过明暗变化，增加照片的纵深感。

自然的螺旋形构图

光圈、快门、感光度应该怎样设定？

此图片是使用 18mm 的广角焦距拍摄的，所以，即使使用 F4.5 的光圈值，只要选择合适的对焦位置也能保证楼梯前后都清晰。由于现场光线较暗，为了提高快门速度，适当提高了感光度值，将感光度设定为 ISO640。

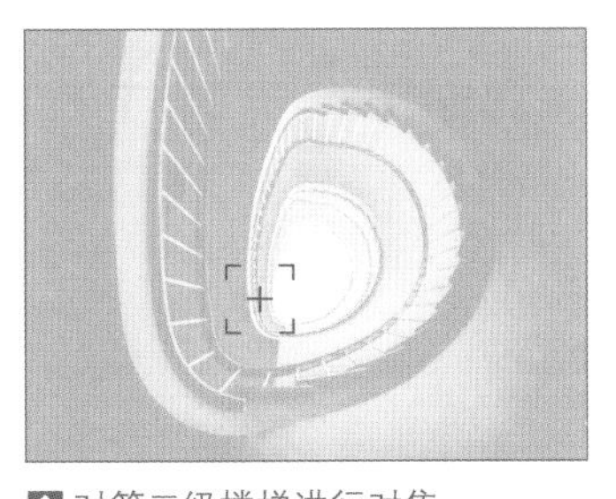

对第二级楼梯进行对焦

希望什么位置是清晰的？对焦点应该在哪里？

前面已经说明，在拍摄时使用了偏大的光圈。光圈大会令景深变浅，要令楼梯普遍清晰，可以把对焦点放在第二级的楼梯扶手上，而不是直接对焦在最上方的楼梯上，这样可以确保对焦点前后的楼梯都是清晰的。

设置自动白平衡模式

希望照片是什么色调？白平衡模式用哪种？

这张照片的拍摄环境是在室内，天花板是明亮的黄色，而楼梯与墙壁是冷艳的青蓝色，因此，可以确定画面的色调是一个冷暖对比色调。在这样的情况下，一般设置为自动白平衡模式，便可以得到很好的色彩还原。

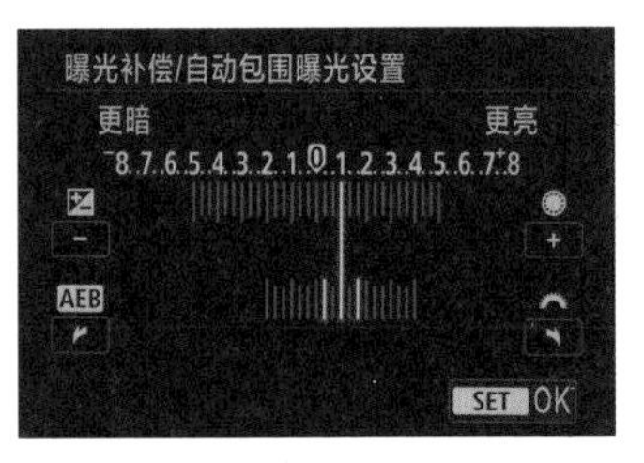

减少曝光补偿

希望照片偏暗还是亮？是否要设置曝光补偿？

在这张楼梯照片中，虽然有明亮的黄色区域存在，但是其在画面中所占的比例较小，在中央重点测光或点测光模式下，画面中的楼梯与墙壁的画面是偏向暗色的，为了更好地凸显画面的幽静、神秘氛围，可以设置 -0.3~-0.7EV 的曝光补偿。

拍摄三部曲——拍中确保

确保相机的稳定性

想拍出一张清晰的照片，首先要保证相机的稳定性。常用的持机方式是肘部向下顶着身体用手托起镜头，应避免肘部向外倚着，因为这样手肘是处于架空状态的，会增加不稳定性。在手持使用长镜头拍摄时，最好寻找支撑点支撑手肘以降低抖动的幅度，墙壁、柱子、大树等物体都可以用来借助支撑肘部，若寻找不到这些物体，还可以将自己的左手搭在右肩上，使得左手臂形成一个托盘，以托住相机。采用跪姿拍摄时，以右膝盖跪地，左肘支在左膝盖上，左手平稳地托住相机和镜头，这个姿势是非常稳的。从低角度拍摄时，可以趴在地上，将两个胳膊肘分开，使其像支架一样稳稳地固定在地上。

手持相机拍摄时，一个正确的持机姿势，能够增加身体和相机的稳定性，从而尽可能避免因姿势不协调、不稳定，造成画面变虚、画质下降的问题。

站姿持机

半按快门确保对焦、测光准确

即使是没有系统学习过摄影的爱好者，相信也知道快门的作用，但许多摄影初学者在使用数码单反相机拍摄时，并不知道快门按钮的按法，常常是一下用力按到底，这样拍出的照片大多是不清晰的。在拍摄过程中，半按快门进行对焦和测光是非常重要的一个步骤，在相机的自动对焦模式下，改变构图、焦距、拍摄距离及光圈值的操作后，都需要半按快门按钮对画面进行对焦和测光，使画面主体变得清晰，画面曝光正确，只有实现了准确的对焦和测光，才能得到一张成像清晰、曝光正确的照片——这也是对照片品质的最基本要求。

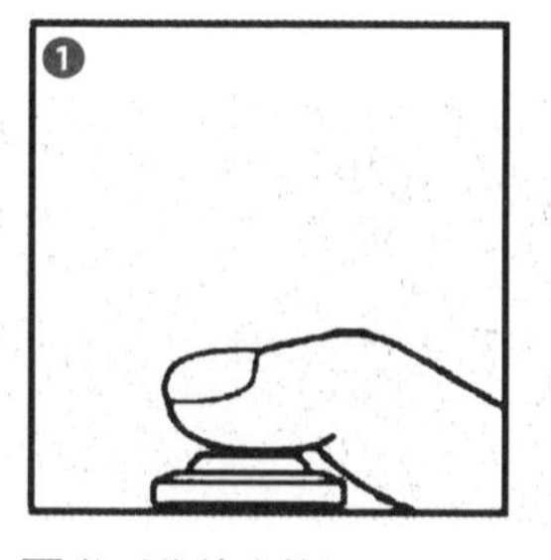
将手指放在快门上

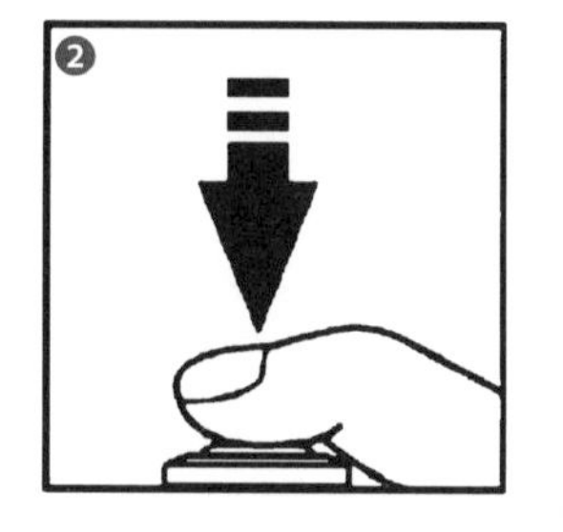
半按下快门，此时将对画面中的景物进行自动对焦及测光

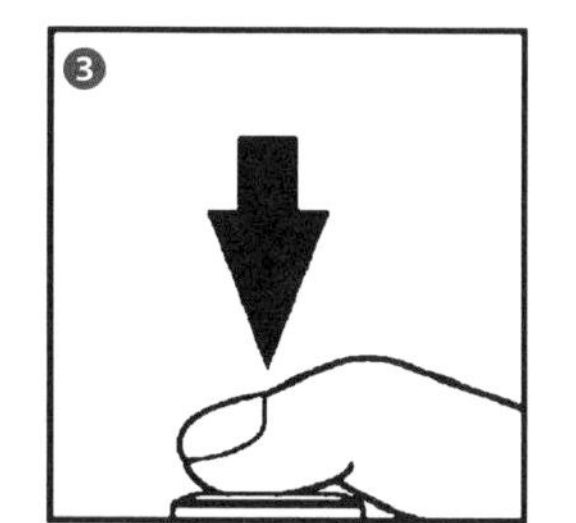
听到“嘀”的一声，即可完全按下快门，进行拍摄

移动相机调整构图

在手持相机拍摄时，对画面半按快门对焦和测光后，默认设置下相机便会锁定对焦和曝光,此时如果需要微调构图，可以在保持半按快门的状态下，水平或垂直地平移相机，并通过取景器重新进行构图，满意后完全按下快门即可进行拍摄。

需要注意的是，使用这种方法调整构图，对使用小光圈拍摄的情况比较适用，大光圈拍摄时会极及容易跑焦，并且在移动相机时，也只能在保持平行线的状态移动，切不可改变焦距或前后移动相机。

对着荷花对焦后，保持半按快门状态，向左平移进行构图，然后按下快门按钮拍摄，得到了这张黄金分割法构图的照片（焦距：300mm ┆ 光圈：F5 ┆ 快门速度：1/500s ┆ 感光度：ISO160）

全按快门完成拍摄

虽然半按快门及全按快门看起来是没有什么技术含量的操作，但还是会有一些摄影初学者没能掌握正确的按快门动作。有些摄影初学者可能自己都没有发觉到，在按下快门时，手指会用上很大的力气，或者是握相机的双手，带着相机向下晃了一下，这样不正确的方式，拍摄出来的画面模糊概率很大。

有经验的摄影师在拍摄时，不管是使用高速快门还是低速快门，拍前都会深呼吸，调整呼吸的节奏，使呼吸变缓，减少身体的晃动，在半按快门及按下快门拍摄时更是屏住呼吸，以保证拍摄画面稳定。

拍摄前调整呼吸，轻轻按下快门拍摄，得到清晰的人像照片（焦距：85mm ┆ 光圈：F2.8 ┆ 快门速度：1/160s ┆ 感光度：ISO400）

拍摄三部曲——拍后确认

检查照片的直方图

每一款相机都有大小不等、总像素量不同的显示屏，用于浏览照片、设置参数。虽然使用显示屏能够较好地浏览照片，但受到显示性能、亮度等方面的限制，仍然无法真实再现照片的曝光情况。

这也正是很多摄影爱好者在相机及计算机显示器上观看同一照片时，会发现有一定甚至较大差异的原因。因此，要准确地观察曝光结果，不能依靠观察显示屏，而要利用更科学的判断依据，即直方图。

直方图是摄影师评价照片曝光是否正确的重要依据。

↑ 佳能相机查看直方图操作方法：按下播放按钮并转动速控转盘选择照片，然后按下 INFO. 按钮切换至拍摄信息显示界面，即可查看照片的柱状图，向下倾斜多功能控制钮可以查看 RGB 柱状图

↑ 索尼相机设查看直方图操作方法：按下控制拨轮上的 DISP 按钮，直到显示柱状图界面（此处以拍摄时显示柱状图为例）

↓ 直方图呈现出如山峰一样的形态，且主峰位于中间调的区域，因此照片中应不存在死黑或死白的区域，说明此照片曝光正常（焦距：60mm ¦ 光圈：F5.6 ¦ 快门速度：1/250s ¦ 感光度：ISO200）

直方图的横轴表示亮度等级（从左至右分别对应黑与白），纵轴表示图像中各种亮度像素数量的多少，峰值越高表示这个亮度的像素数量就越多。

所以，拍摄者可通过观看直方图的显示状态来判断照片的曝光情况，若出现曝光不足或曝光过度，调整曝光参数后再进行拍摄，即可获得一张曝光准确的照片。

直方图右侧溢出，代表画面中高光处曝光过度（焦距：24mm ┆ 光圈：F14 ┆ 快门速度：1/250s ┆ 感光度：ISO100）

当曝光过度时，照片上会出现死白的区域，画面中的很多细节都丢失了，反映在直方图上就是像素主要集中于横轴的右端（最亮处），并出现像素溢出现象，即高光溢出，而左侧较暗的区域则无像素分布，故该照片在后期无法补救。

当曝光准确时，照片影调较为均匀，且高光、暗部或阴影处均无细节丢失，反映在直方图上就是在整个横轴上从最黑的左端到最白的右端都有像素分布，后期可调整余地较大。

直方图线条偏左且溢出，代表画面曝光不足（焦距：70mm ┆ 光圈：F8 ┆ 快门速度：1/100s ┆ 感光度：ISO250）

当曝光不足时，照片上会出现无细节的死黑区域，画面中丢失了过多的暗部细节，反映在直方图上就是像素主要集中于横轴的左端（最暗处），并出现像素溢出现象，即暗部溢出，而右侧较亮区域少有像素分布，故该照片在后期也无法补救。

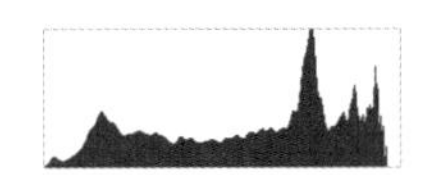

曝光正常的直方图，画面明暗适中，色调分布均匀（焦距：70mm ┆ 光圈：F2.8 ┆ 快门速度：1/100s ┆ 感光度：ISO100）

检查照片的焦点

不管是佳能还是尼康相机，都提供了检测对焦点的功能，通过检查照片的焦点，能够直观判断出相机有没有跑焦，以及拍摄时有没有什么误操作，导致照片的焦点位置发生了偏移。

只要在佳能相机的“显示自动对焦”菜单中设置为“启用”选项，或在尼康相机的“播放显示选项”中勾选“对焦点”选项，那么当回放照片时，照片中的自动对焦点将以红色的形式显示，这时如果发现焦点不准确，可以重新拍摄。

操作步骤 佳能相机设置显示自动对焦点

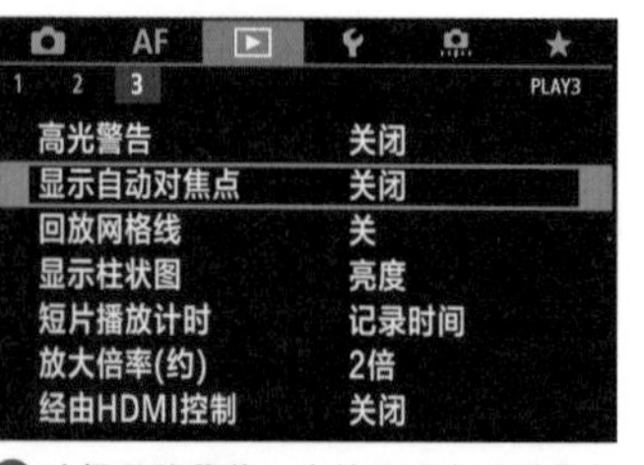

❶ 选择**回放菜单** 3 中的**显示自动对焦点**选项

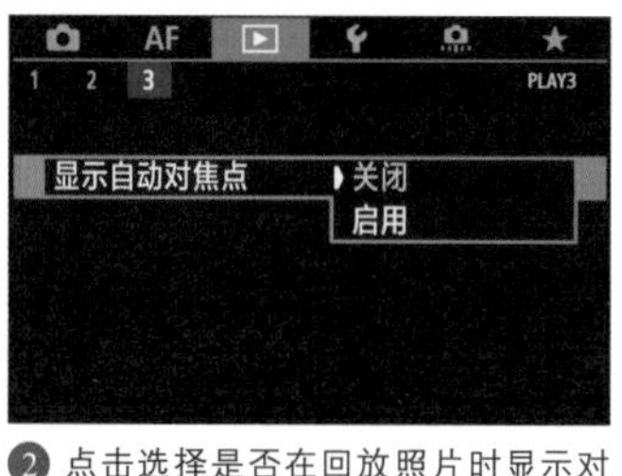

❷ 点击选择是否在回放照片时显示对焦点

操作步骤 尼康相机设置播放显示选项

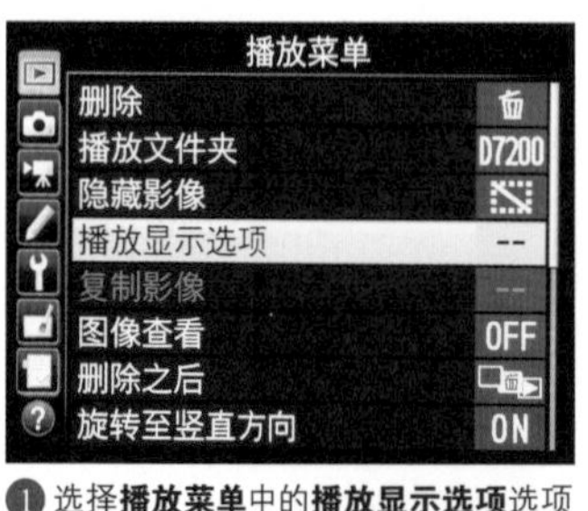

❶ 选择**播放菜单**中的**播放显示选项**选项

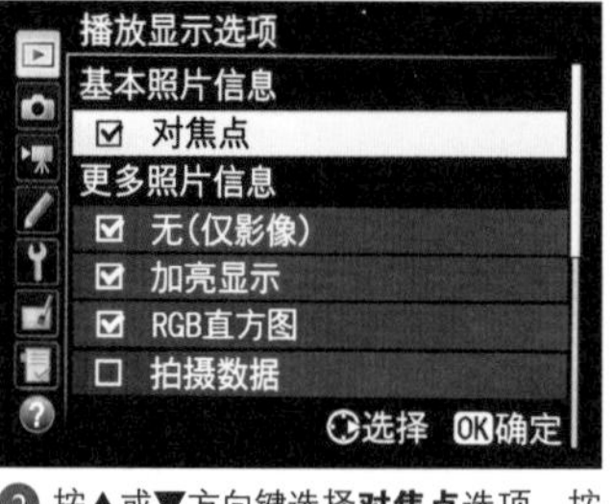

❷ 按▲或▼方向键选择**对焦点**选项，按▶方向键添加勾选标记

↑ 回放照片时将显示对焦点

→ 通过查看对焦点的位置，来确认是否达到要求（焦距：35mm ¦ 光圈：f/8 ¦ 快门速度：1/320s ¦ 感光度：ISO100）

对照片进行后期处理

不管是专业摄影师，还是摄影爱好者，都会或多或少地对拍摄的照片进行后期处理。这也是数码摄影优势之一。使用后期软件，可以很方便地通过裁剪而改变构图或校正水平线，并且可以在不损失画质的情况下，调整画面的曝光量、修复高光与阴影的曝光、修正暗角与失真、降噪，对于白平衡、照片风格、饱和度等色彩选项，也可以一键式修改。因此，许多前期拍摄时的不足之处，都可以通过后期来进行弥补，这也从一个侧面证明掌握后期操作是非常重要的。

第3章 03 拍摄事半功倍的菜单设置

开启提示音——确认合焦成功的关键

在拍摄比较细小的物体时，是否正确合焦可能不容易从取景器及显示屏上分辨出来，这时可以开启“提示音”（佳能名称）功能，以便确认相机合焦后迅速按下快门按钮，从而得到清晰的画面。如果选择“关闭”选项，将不会发出提示音。

此功能在索尼相机中的名称为“音频信号”，在尼康相机中的名称为“蜂鸣音”。

个 拍摄微距画面时，开启蜂鸣音方便提醒是否对焦精确（焦距：100mm ┆ 光圈：F5 ┆ 快门速度：1/400s ┆ 感光度：ISO200）

操作步骤 佳能相机设置提示音

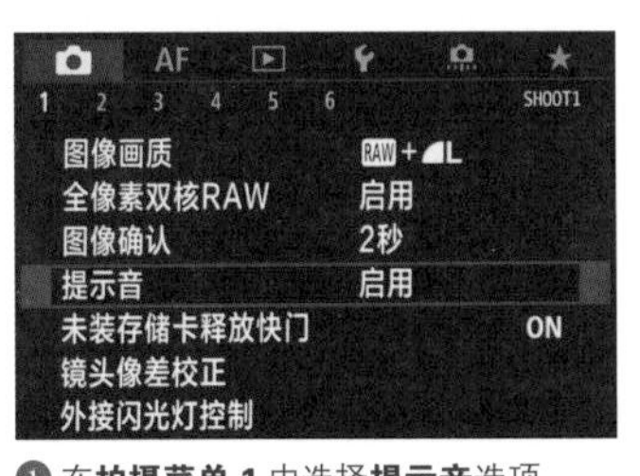

❶ 在**拍摄菜单 1** 中选择**提示音**选项

❷ 点击选择所需要的选项

操作步骤 索尼相机设置音频信号

❶ 在**拍摄设置 2 菜单**的第 11 页中选择**音频信号**选项

❷ 按▼或▲方向键选择选择**开**选项，然后按下 SET 按钮确定

未装存储卡释放快门功能——避免白劳动

许多初学摄影的爱好者都有过遇到精彩瞬间时，未装存储卡就按下快门的经历，白白浪费了时间和精力。为了防止这种情况的发生，可以通过设置“未装存储卡释放快门”（佳能名称）菜单选项，来设置相机在未安装存储卡时是否允许拍摄。

此功能在索尼相机中的名称为“无存储卡时释放快门”，在尼康相机中的名称为“空插槽时快门释放锁定”。

操作步骤 佳能相机设置未装存储卡释放快门

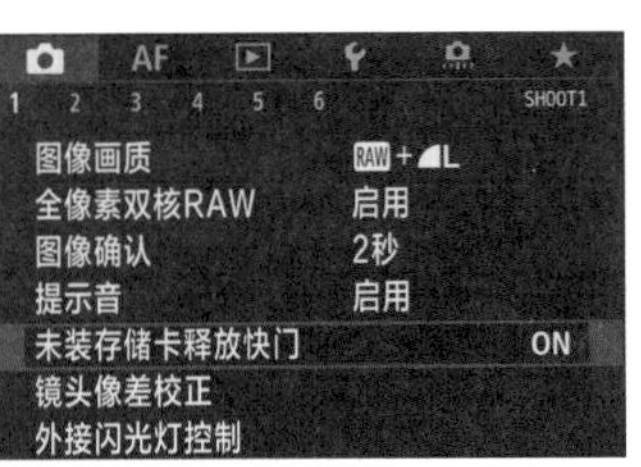

❶ 在**拍摄菜单 1** 中选择**未装存储卡释放快门**选项

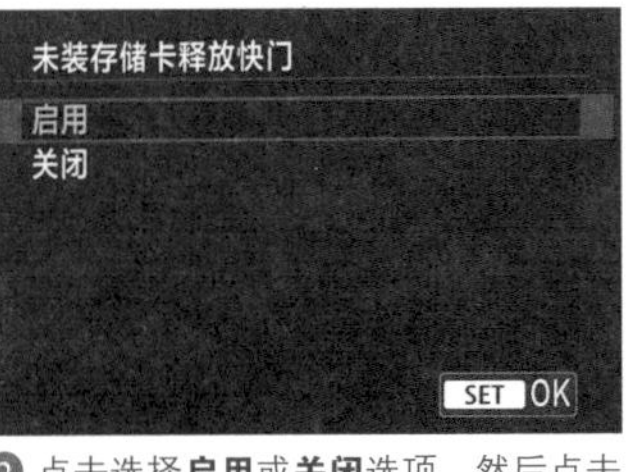

❷ 点击选择**启用**或**关闭**选项，然后点击 SET OK 图标确定

操作步骤 索尼相机设置无存储卡时释放快门

❶ 在**拍摄设置 2 菜单**中第 5 页选择**无存储卡时释放快门**选项

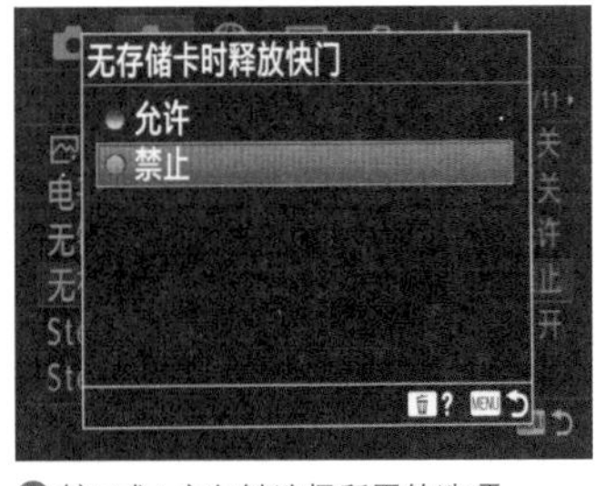

❷ 按▼或▲方向键选择所需的选项

关闭未装存储卡释放快门功能，就不会错失这样的漂亮画面（焦距：20mm ┆ 光圈：F10 ┆ 快门速度：1/200s ┆ 感光度：ISO200）

显示网格线——辅助新手构图

摄影初学者经常出现的一个拍摄问题是在拍摄需要横平竖直的画面时（如有水平线或地平线的场景、表现垂直的物体等），没有使相机呈水平状态，而导致画面中的线条倾斜，影响画面的美观。在这样的情况下，就可以启用相机中的网格线功能，当显示网格线后，可以轻松帮助摄影初学者进行水平或垂直方向上的构图校正，同时，分格显示的网格线，还可以帮助摄影初学者进行准确的三分法构图，在拍摄时只需把主体放置在三分线处即可。

在佳能相机中，此功能通过设置“显示网格线”菜单来实现；索尼相机通过“网格线”菜单来实现；尼康相机通过“取景器网格显示”菜单来实现。

操作步骤 佳能相机设置显示网格线

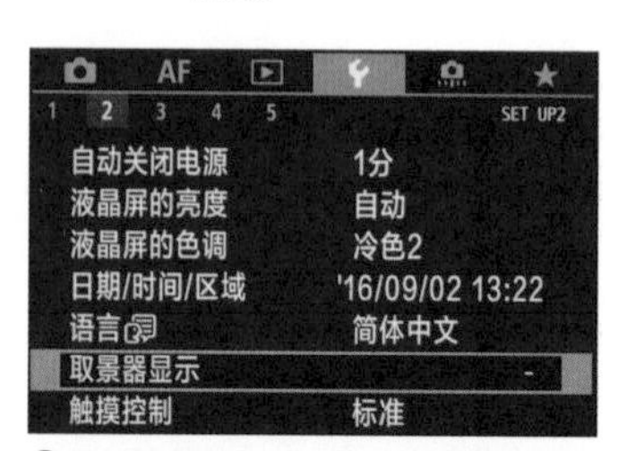

❶ 在**设置菜单 2** 中选择**取景器显示**选项

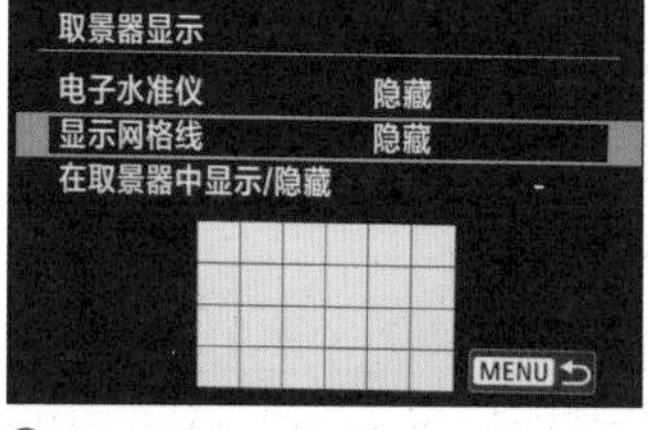

❷ 点击选择**显示网格线**选项

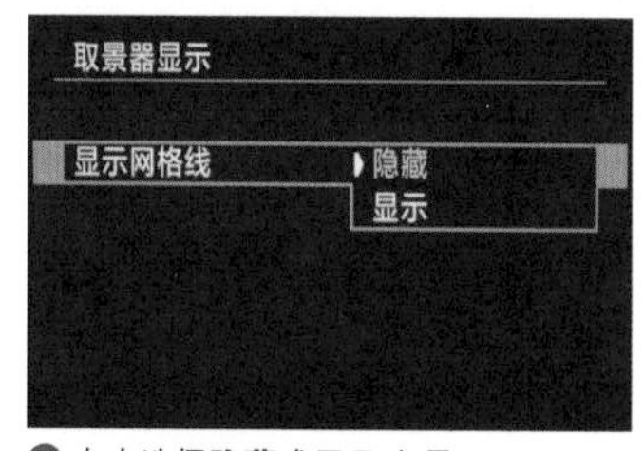

❸ 点击选择**隐藏**或**显示**选项

操作步骤 索尼相机设置网格线

❶ 在**拍摄设置 2 菜单**中的第 7 页选择**网格线**选项

❷ 按▼或▲方向键选择所需的选项

通过开启“网格线”功能，使水平线处于水平状态，以更好地表现出画面的静谧感【焦距：20mm ┆ 光圈：F16 ┆ 快门速度：20s ┆ 感光度：ISO100】

设置自动关闭电源——节省电池电量

在实际拍摄中，为了节省电池的电力，可以在“自动关闭电源”（佳能名称）菜单中选择相机自动关机的时间间隔，如果在指定时间内不操作相机，相机将会自动进入自动关机模式，从而节省电池的电力，当半按快门时将还原为拍摄模式。一般建议设置为 1 分钟或 2 分钟，这样既可以保证抓拍的即时性，又可以最大限度地节电。

将自动关闭电源的时间设置得越短，对节省电池电力就越有利，当摄影师身处严寒环境中拍摄时，这样的设置就显得尤其重要，因为在低温环境中电池电力的消耗速度往往是常温下的几倍。

自动关闭电源功能对于索尼微单相机来说就更为重要了，因为索尼微单相机是实时取景显示拍摄的，耗电较快，而且电池的容量也比单反相机的要小一些，因此，合理设置自动关闭电源功能可以让电池的续航时间更长一些。

此功能在索尼微单相机中的名称为“自动关机开始时间”，在尼康相机中的名称为“显示屏关闭延迟”。

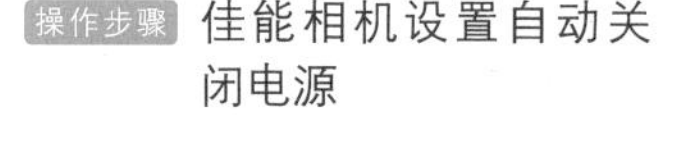

佳能相机设置自动关闭电源

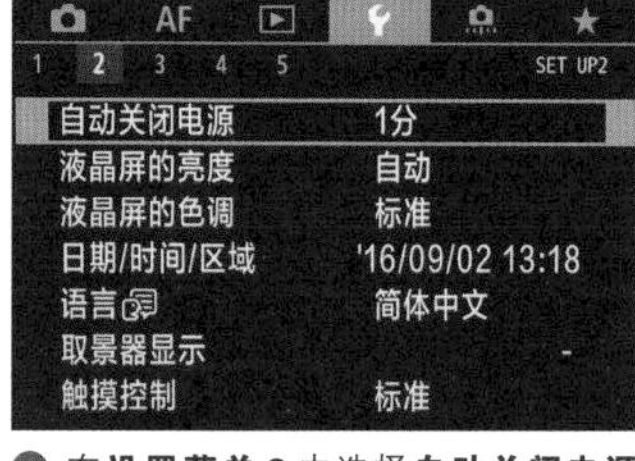

❶ 在**设置菜单 2** 中选择**自动关闭电源**选项

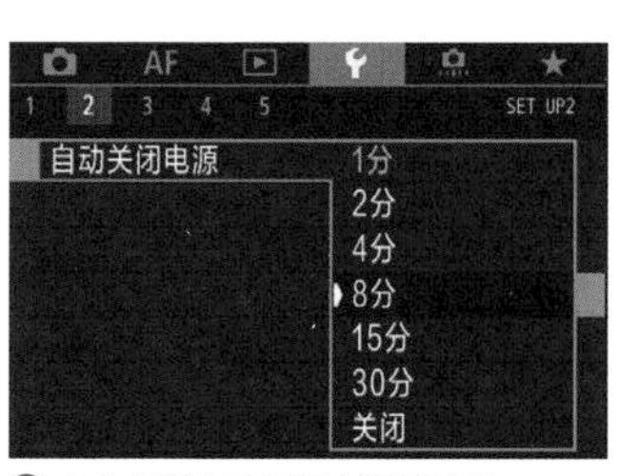

❷ 点击选择自动关闭电源的时间

操作步骤 索尼相机设置自动关机开始时间

❶ 在**设置 2 菜单**的第 2 页中选择**自动关机开始时间**选项

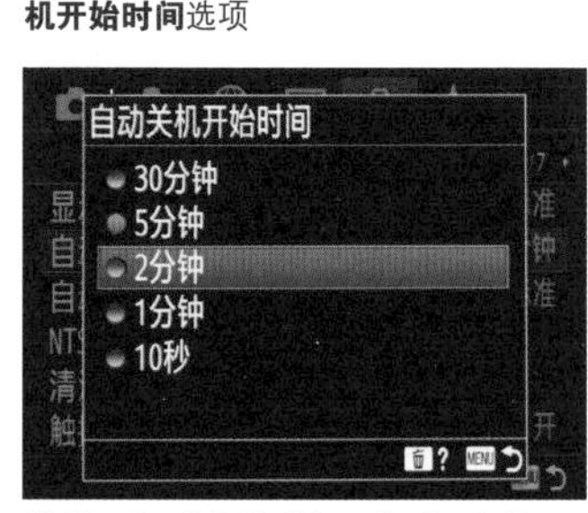

❷ 按▼或▲方向键选择一个时间选项

冬天在野外拍摄时，设置适当的自动关机时间可以更好地省电【上图 焦距：50mm ¦ 光圈：F10 ¦ 快门速度：1/50s ¦ 感光度：ISO100；下图 焦距：35mm ¦ 光圈：F9 ¦ 快门速度：1/10s ¦ 感光度：ISO400】

提示

佳能相机的“自动关闭电源”还有一个“关闭”选项，如果选择了此选项，即使在30分钟内不操作相机，相机也不会自动关闭电源。在液晶监视器被自动关闭后，按下任意按钮可唤醒相机。

设置色彩空间——应用不同印刷用途

如果照片用于书籍或杂志印刷，最好选择 Adobe RGB 色彩空间，因为它是 Adobe 专门为印刷开发的，因此允许的色彩范围更大，包含了很多在显示器上无法显示的颜色，如绿色区域中的一些颜色，这些颜色会使印刷品呈现更细腻的色彩过渡效果。如果照片用于数码彩扩、屏幕投影展示、计算机显示屏展示等用途，最好选择 sRGB 色彩空间。

此功能在佳能和索尼微单相机中的名称为“色彩空间”，在索尼微单相机中的名称为“色彩空间”，在尼康相机中的名称为“色空间”。

操作步骤 佳能相机设置色彩空间

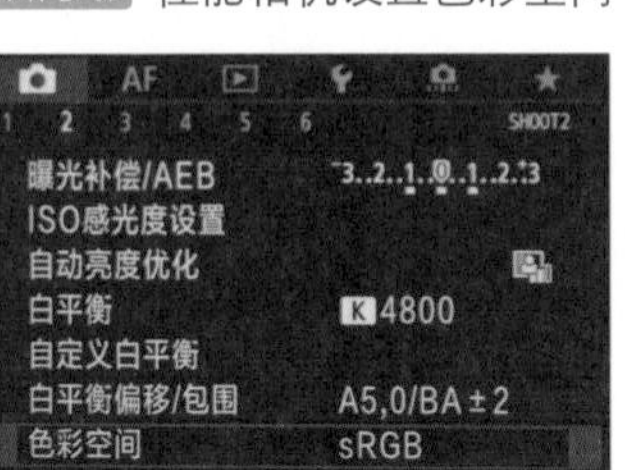

❶ 在**拍摄菜单 2** 中选择**色彩空间**选项

❷ 点击选择所需要的选项

操作步骤 索尼相机设置色彩空间

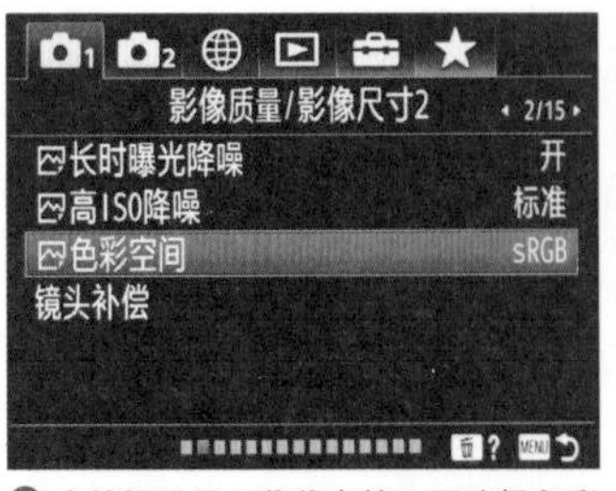

❶ 在**拍摄设置 1 菜单**中第 2 页选择**色彩空间**选项

❷ 按▼或▲方向键选择所需要的选项

这张风光照片只用于在计算机上观看，因而设置为 sRGB 色彩空间【焦距：24mm ┆ 光圈：F16 ┆ 快门速度：1/2s ┆ 感光度：ISO100】

设置 RAW 格式——给后期留空间

我们常常听摄影高手讲，存储照片时要使用 RAW 格式，这样方便进行后期调整。而观看过 RAW 格式照片的原片与处理后的效果，也会有一个直观的感受，原本感觉灰蒙蒙的照片，在经过后期软件处理后，便有了飞跃性的改变，甚至能让人惊呼："这根本就不是同一张照片！"可见RAW格式照片的潜力之大。RAW 格式的照片是由图像感应器将捕捉到的光源信号转换为数字信号的原始数据。正因如此，在对 RAW 格式的照片进行后期处理时，才能够随意修改原本由相机内部处理器设置的参数选项，如白平衡、色温、照片风格等。

需要注意的是，RAW 格式只是原始照片文件的一个统称，各厂商的 RAW 格式有不同的扩展名，例如，佳能 RAW 格式文件的扩展名为 .CR2，佳能 RAW 格式文件的扩展名为 .ARW，而尼康 RAW 格式文件的扩展名则是 .NEF。

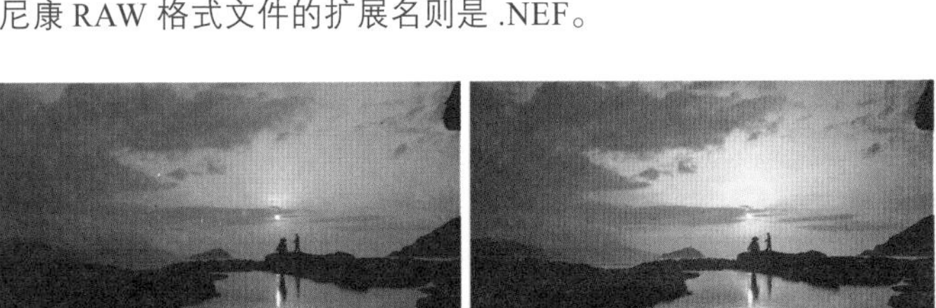

上方左小图为使用 RAW 格式拍摄的原图，右小图及下方大图是经过后期调整后的效果，得到了强烈暖调和蓝紫色调的画面效果（焦距：35mm ┆ 光圈：F11 ┆ 快门速度：1/128s ┆ 感光度：ISO100）

操作步骤 佳能相机设置图像画质

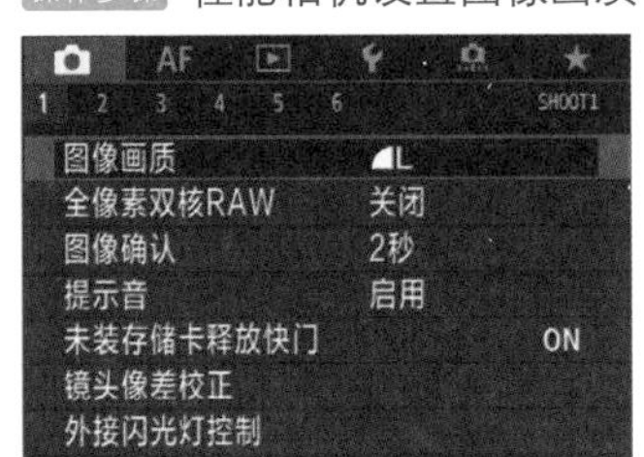

❶ 选择**拍摄菜单 1** 中的**图像画质**选项

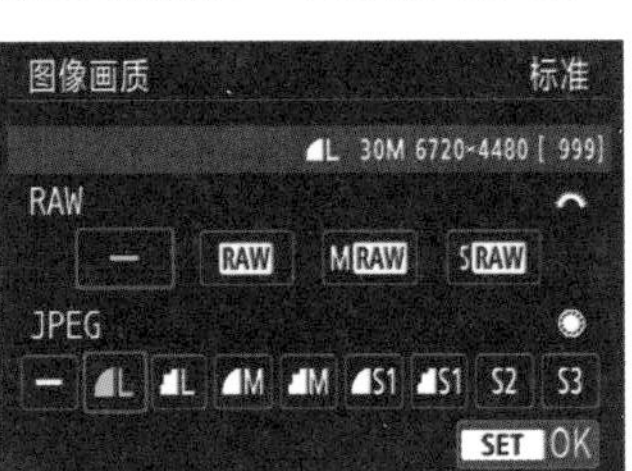

❷ 点击选择 RAW 选项，然后点击 SET OK 图标确定

操作步骤 索尼相机设置文件格式

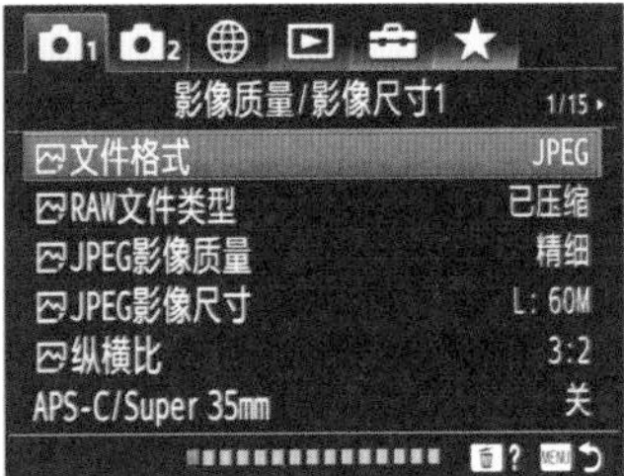

❶ 在**拍摄设置 1 菜单**的第 1 页中选择**文件格式**选项

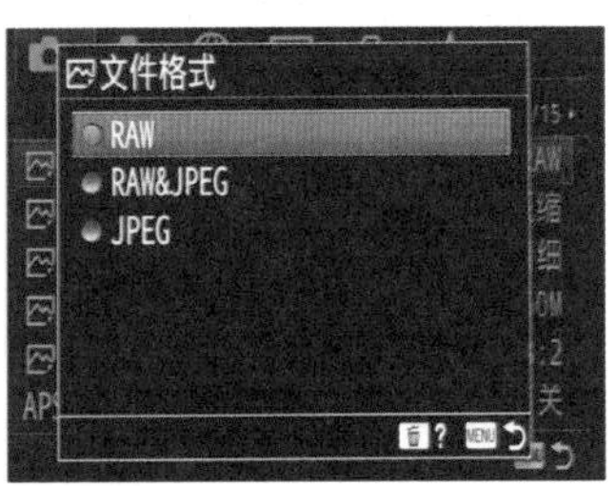

❷ 按▼或▲方向键选择 RAW 选项

提示

如果使用Photoshop无法打开自己拍摄出来的RAW格式照片，则意味着需要更新Camera RAW的软件版本了。

照片风格——让照片更精彩

照片风格（佳能名称）/ 创意风格（索尼名称）/ 优化校准（尼康名称）是相机依据不同拍摄题材的特点，对照片进行的一些色彩、锐度及对比度等方面的校正。例如，在拍摄风光题材时，可以选择“风景”优化校准，以得到色彩较为艳丽且锐度和对比度都较高的风光照片。

对于那些喜欢拍摄后直接出片的摄影爱好者而言，使用优化校准 / 照片风格，可以省去后期操作的过程，虽然灵活度比在后期处理软件中低一些，但也不失为一个方便的选择。

佳能相机菜单中的照片风格包括“自动”“标准”“人像”“风光”“精致细节”“中性”“可靠设置”“单色”8 个选项；索尼相机提供的创意风格包含“标准”“生动”“中性”“清澈”“深色”“轻淡”“肖像”“风景”“黄昏”“夜景”“红叶”“黑白”和“棕褐色”13 个选项。

从选项名称上可以看出，两个品牌相机的选项，虽然有一些区别，但总体差不多。因此了解一款相机后，其他相机相关选项的释义，也就不难推测了。

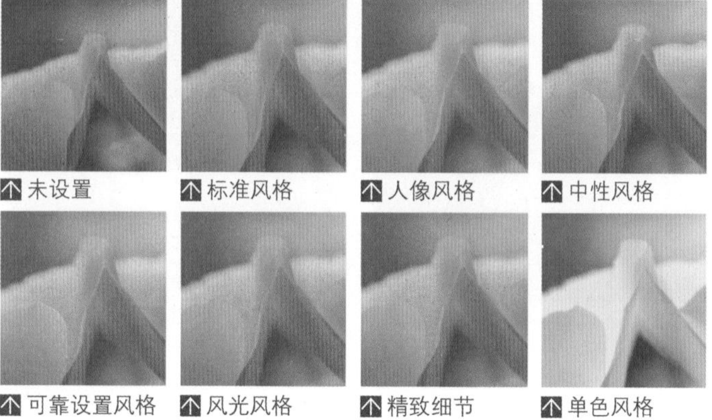

↑ 未设置　↑ 标准风格　↑ 人像风格　↑ 中性风格

↑ 可靠设置风格　↑ 风光风格　↑ 精致细节　↑ 单色风格

操作步骤 佳能相机设置照片风格

照片风格	自动
长时间曝光降噪功能	OFF
高ISO感光度降噪功能	
高光色调优先	OFF
除尘数据	
多重曝光	关闭
HDR模式	关闭HDR

❶ 在**拍摄菜单 3** 中选择**照片风格**选项

照片风格	
自动	3,4,4,0,0,0
标准	3,4,4,0,0,0
人像	2,4,4,0,0,0
风光	4,4,4,0,0,0
精致细节	4,1,1,0,0,0
中性	0,2,2,0,0,0

INFO. 详细设置　SET OK

❷ 点击选择不同的选项，然后点击 SET OK 图标确定

操作步骤 索尼相机设置创意风格

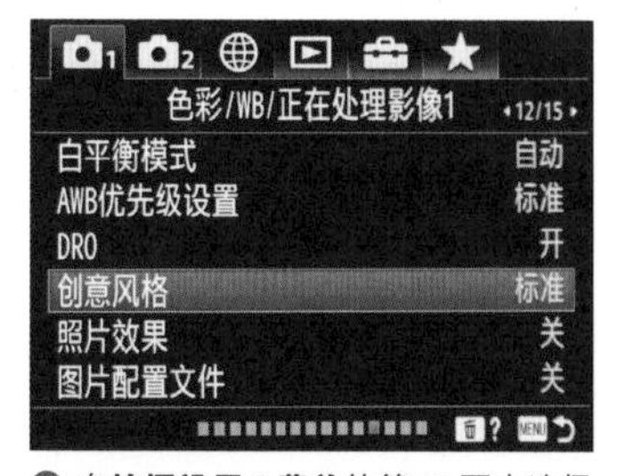

❶ 在**拍摄设置 1 菜单**的第 12 页中选择**创意风格**选项

创意风格
标准
±0　±0　±0
选择 ● 确定 MENU 取消

❷ 按▼或▲方向键选择所需创意风格，然后按控制拨轮中央按钮确认

设置降噪参数——让照片更纯净

高 ISO 感光度降噪功能——去除照片的噪点保证画质

拍摄时使用的感光度越高，照片上的噪点就越多。而在既需要使用高感光度又需要保证画面质量时，可以启用“高 ISO 感光度降噪功能”（佳能名称）/“高 ISO 降噪”（索尼 / 尼康名称）功能，来减弱画面中的噪点。此功能会在相机内部自动消减照片上的噪点。但要注意的是，由于相机在消减噪点时，并不能智能地判断噪点与图像像素的区别，因此，在处理后，有可能导致图像的细节有损失。

上图是未启用“高 ISO 感光度降噪”功能拍摄的画面，下图为启用此功能后拍摄的画面，对比两张局部图可以看出，降噪后的照片噪点明显减少，但同时也损失了一定的细节

操作步骤 佳能相机设置高ISO感光度降噪功能

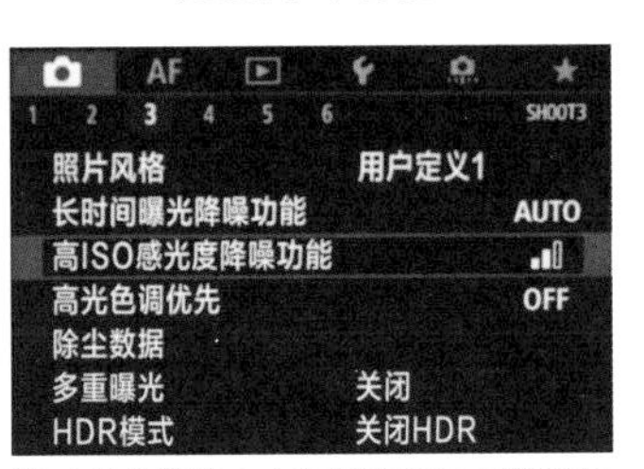

❶ 在**拍摄菜单 3** 中选择**高 ISO 感光度降噪功能**选项

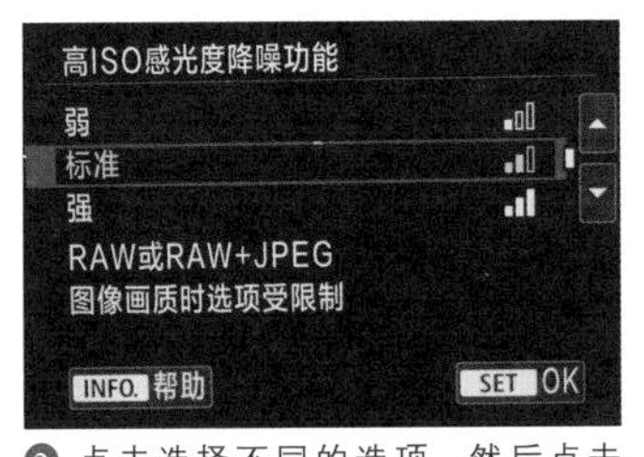

❷ 点击选择不同的选项，然后点击 SET OK 图标确定

操作步骤 索尼相机设置高ISO降噪

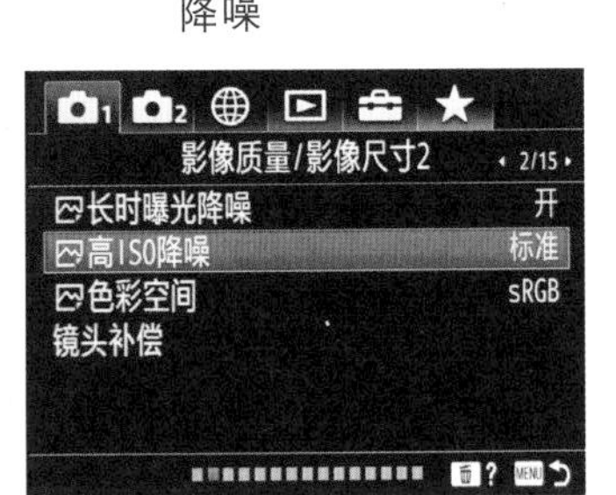

❶ 在**拍摄设置 1 菜单**的第 2 页中选择**高 ISO 降噪**选项

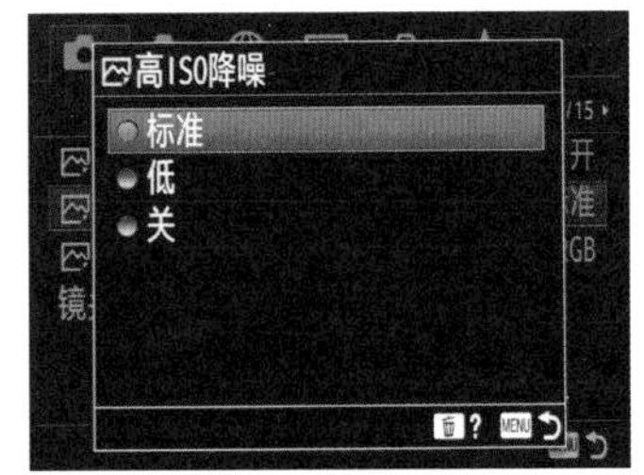

❷ 按▼或▲方向键选择所需选项

长时间曝光降噪——去除长曝光画面的噪点

在拍摄时，曝光时间的长短与噪点的数量是成正比的。换言之，曝光时间越长，照片上的噪点越多，这也是在拍摄夜景时，多数不懂降噪操作的爱好者拍摄的照片噪点比较多的原因。

如果要去除长时间曝光时画面中出现的噪点，可以启用“长时间曝光降噪”功能。

开启“长时间曝光降噪功能”（佳能名称）/“长时曝光降噪”（索尼名称）功能时，相机自动对快门速度低于 1 秒（机型不同设置的时间也不同）时所拍摄的照片进行降噪处理，处理所需时长约等于拍摄时的曝光时间。

需要注意的是，在处理过程中，佳能相机画面将显示“BUSY”（在实时显示模式拍摄时），尼康相机取景器内的Job nr字样将会闪烁，且无法拍摄照片（若处理完毕前关闭相机，则照片会被保存，但由于相机未完成降噪处理，因此噪点仍然比较多）。因此，通常情况下建议将它关闭，在需要进行长时间曝光拍摄时再开启。此功能在尼康相机中的名称为“长时间曝光降噪”。

上面左小图是未设置长时间曝光降噪功能时的局部画面，上面右小图是启用了该功能后的局部画面，画面中的杂色及噪点都明显减少，但同时也损失了一定的细节。（焦距：21mm ¦ 光圈：F14 ¦ 快门速度：30s ¦ 感光度：ISO100）

操作步骤 佳能相机设置长时间曝光降噪功能

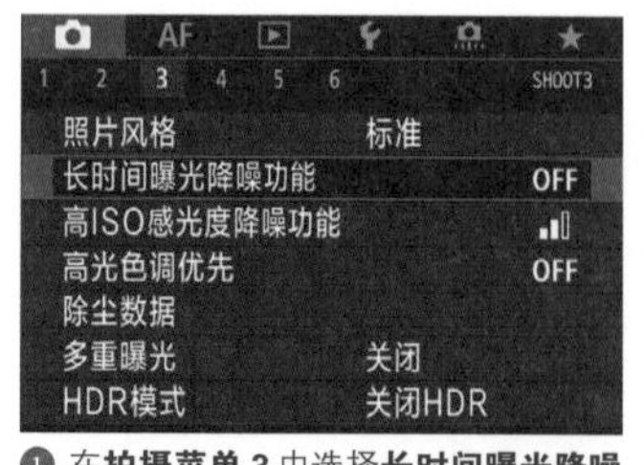

❶ 在**拍摄菜单 3** 中选择**长时间曝光降噪功能**选项

❷ 点击可选择不同的选项，然后点击 SET OK 图标确定

操作步骤 索尼相机设置长时曝光降噪

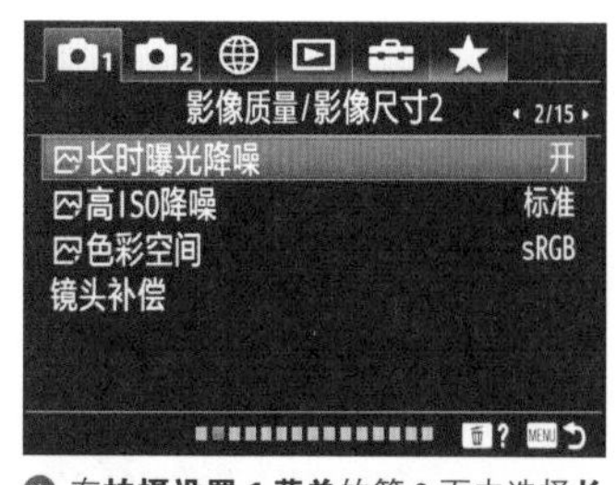

❶ 在**拍摄设置 1 菜单**的第 2 页中选择**长时曝光降噪**选项

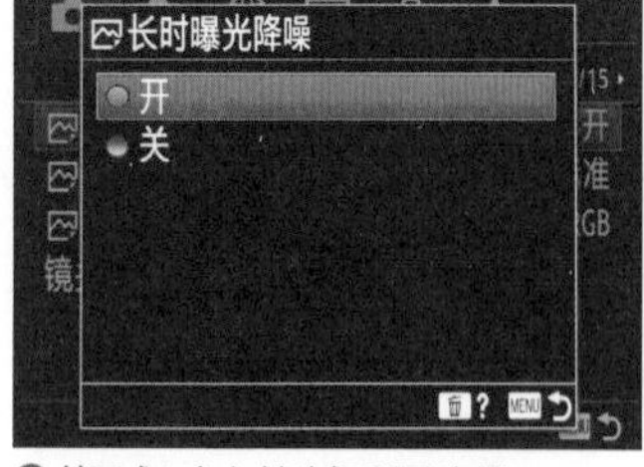

❷ 按▼或▲方向键选择所需选项

拒绝死黑与过曝

DRO/ 自动亮度优化——提升暗调照片质量

在拍摄光比较大的画面时容易丢失细节，当亮部过亮、暗部过暗或明暗反差较大时，如果使用的是索尼相机，可以启用“DRO”（索尼名称）功能进行不同程度的校正。

DRO（动态范围优化）功能的作用是降低画面反差，防止照片的高光区域完全变白而显示不出任何细节，同时避免阴影区域中的细节丢失，从而获得曝光均匀的照片，因此，适合在大光比或明暗反差较大的场景拍摄时使用。

开启 DRO 功能后，可以选择动态范围级别选项，以定义相机平衡高光与阴影区域的强度，包括“AUTO(自动)”“Lv1~Lv5”和“OFF”选项。

对于佳能相机而言，在这种情况下应该启用“自动亮度优化”功能来提升画面暗部与亮部区域的细节。值得注意的是，如果“高光色调优先”被设为了“启用”，则“自动亮度优化”将被自动“关闭”，并且无法改变该设置。另外，根据拍摄条件的不同，使用此功能可能会导致画面中的噪点增多。

此功能在尼康相机中的名称为“动态 D-Lighting”。

← 未启用“自动亮度优化”功能，画面中暗部细节有缺失（焦距：200mm ┆ 光圈：F3.5 ┆ 快门速度：1/640s ┆ 感光度：ISO100）

← 启用“自动亮度优化”功能，画面中亮部与暗部细节都比较丰富（焦距：200mm ┆ 光圈：F3.5 ┆ 快门速度：1/640s ┆ 感光度：ISO100）

操作步骤 佳能相机设置自动亮度优化

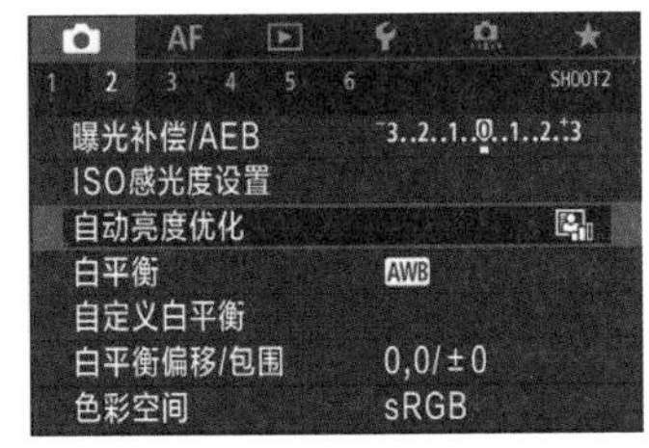

❶ 在**拍摄菜单 2** 中选择**自动亮度优化**选项

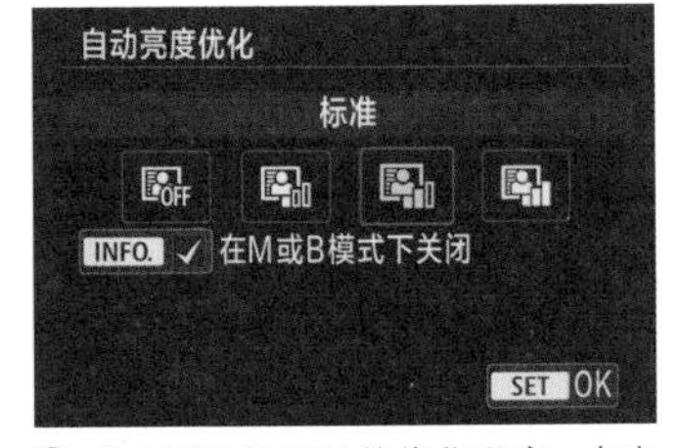

❷ 点击可选择不同的优化强度，点击 INFO. 图标可勾选或取消勾选**在 M 或 B 模式下关闭**选项

操作步骤 索尼相机设置DRO

色彩/WB/正在处理影像1 12/15
白平衡模式 自动
AWB优先级设置 标准
DRO 开
创意风格 标准
照片效果 关
图片配置文件 关

❶ 在**拍摄设置 1 菜单**的第 12 页中选择 **DRO** 选项

❷ 按◀或▶方向键选择优化等级

高光色调优先——优化照片高光细节

佳能相机独有的“高光色调优先”功能可以有效提升高光细节，使照片灰度与高光之间的过渡更加平滑。这是因为在开启这一功能后，可以使拍摄时的动态范围从标准的 18% 灰度扩展到高光区域。此时，画面的曝光可能会偏暗一些，同时噪点也会变得较为明显。

使用“高光色调优先”功能可将画面的过渡表现得更加自然、平滑（焦距：85mm ┆ 光圈：F2.8 ┆ 快门速度：1/500s ┆ 感光度：ISO100）

操作步骤 佳能相机设置高光色调优先

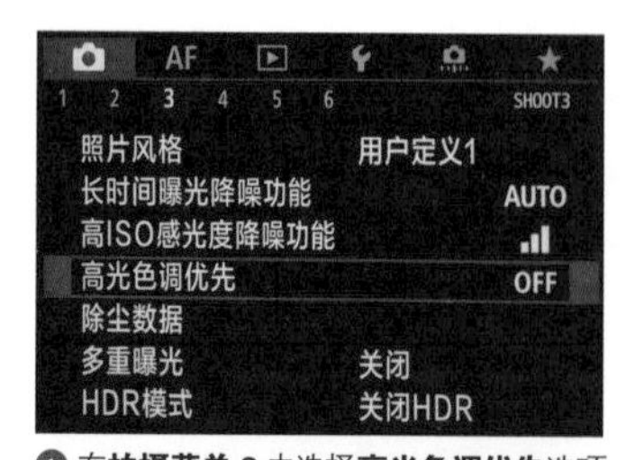

❶ 在**拍摄菜单 3** 中选择**高光色调优先**选项

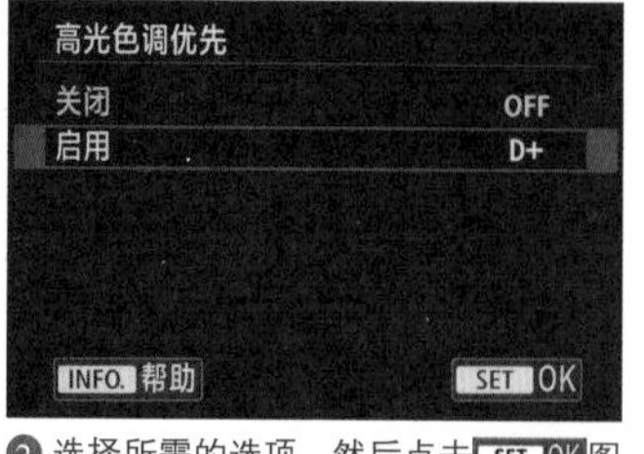

❷ 选择所需的选项，然后点击 SET OK 图标确定

这两幅图是启用“高光色调优先”功能前后拍摄的局部画面对比，从中可以看出，启用此功能后，画面很好地表现了高光区域的细节

自定义控制按钮——更个性化地控制相机

自定义控制按钮

无论是佳能相机还是尼康相机，在机身上都提供了很多按钮，并被赋予了不同的功能，以便于我们进行快速的设置。根据个人的操作习惯，可以在“自定义控制按钮”（佳能名称）/“自定义键”（尼康名称）菜单中为这些按钮重新指定功能。

灵活地使用自定义控制按钮，可以实现许多一键切换的功能。例如，一键切换单次自动对焦与人工智能伺服自动对焦。

操作步骤 佳能相机设置自定义控制按钮

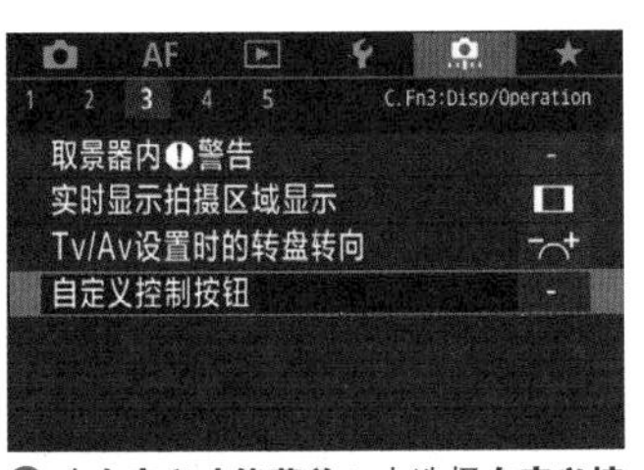

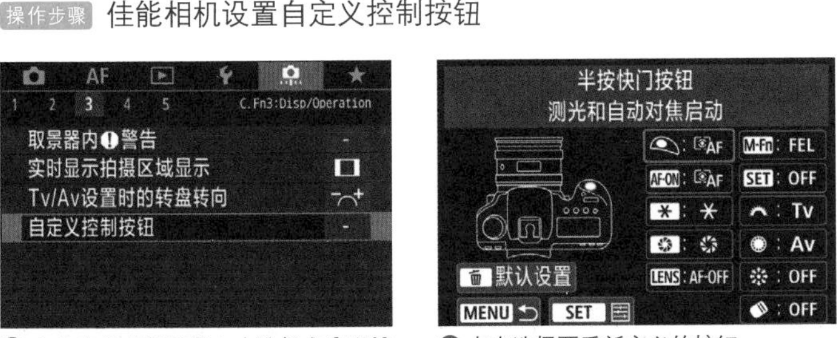

❶ 在**自定义功能菜单 3** 中选择**自定义控制按钮**选项

❷ 点击选择要重新定义的按钮

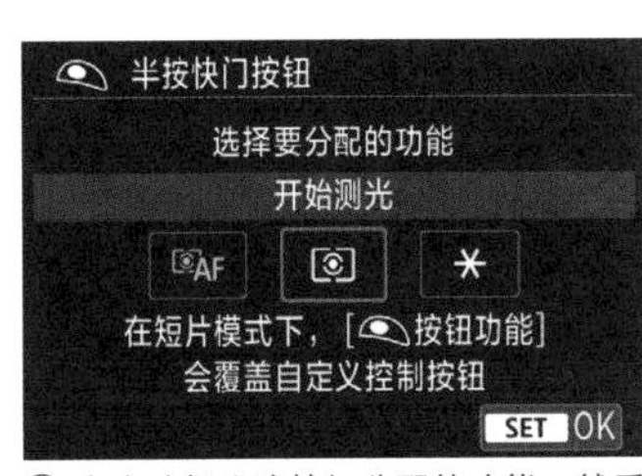

❸ 点击选择为该按钮分配的功能，然后点击SET OK图标确定

索尼相机可以为 AF-ON 按钮、C1 按钮、C2 按钮、C3 按钮、C4 按钮、AEL 按钮、控制拨轮中央按钮、控制拨轮、▼方向键、◀方向键、▶方向键、多功能选择器中央按钮、Fn/按钮指定不同的功能，这进一步方便了我们的拍摄。

索尼相机可以分别在静态照片拍摄时、动画拍摄时和播放时指定按钮的功能，如果要重新定义上述按钮的功能，可以按下面的步骤操作。当注册完功能以后，在拍摄时，只需按下自定义的按钮，即可显示所注册功能的参数选择界面。例如，对于 C1 按钮而言，如果当前注册的功能为对焦区域，那么当按下 C1 按钮时，则可以显示对焦区域选项。

操作步骤 索尼相机设置自定义键

❶ 在**拍摄设置 2 菜单**的第 9 页中选择**自定义键**选项

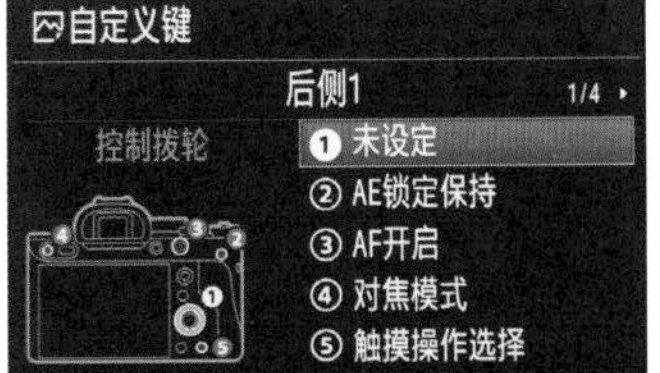

❷ 按▼或▲方向键选择要注册的按钮，由于可注册按钮选项较多，可按◀或▶方向键切换显示选项界面

❸ 按◀或▶方向键切换显示选项界面，按▲或▼方向键选择要注册的功能，然后按下控制拨轮中央按钮确定

恢复出厂设置菜单

很多摄影爱好者在拍摄时，经常会遇到无法解决的拍摄或菜单功能无法设置的问题，这时就可以尝试采用恢复出厂设置的方法来解决。

利用“清除全部相机设置”（佳能名称）/“出厂重置”（索尼名称）功能可以一次性清除所有的自定义功能，将相机的设置恢复到出厂时的状态。此功能在尼康相机中的名称为“重设所有设置”。

↓ 拍摄日出风光的最佳时机较短，如果在拍摄时想设置某一种功能却发现设置不了，与其慢慢发现问题，不如直接恢复出厂设置，以节约时间（焦距：18mm ¦ 光圈：F8 ¦ 快门速度：1/160s ¦ 感光度：ISO400）

操作步骤 佳能相机设置清除全部相机设置

❶ 在**设置菜单 5** 中选择**清除全部相机设置**选项

❷ 点击选择**确定**选项

操作步骤 索尼相机设置出厂重置

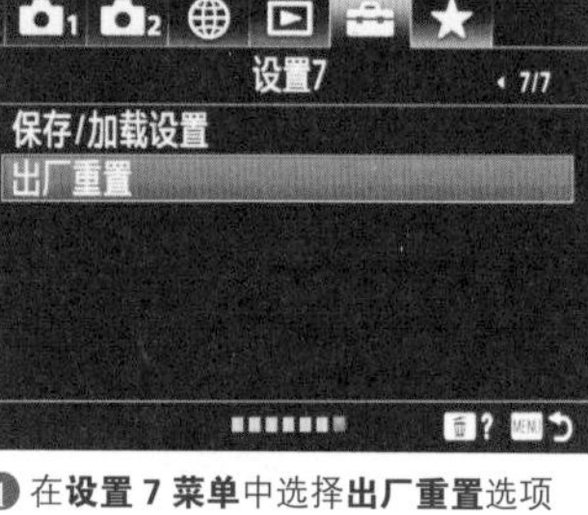

❶ 在**设置 7 菜单**中选择**出厂重置**选项

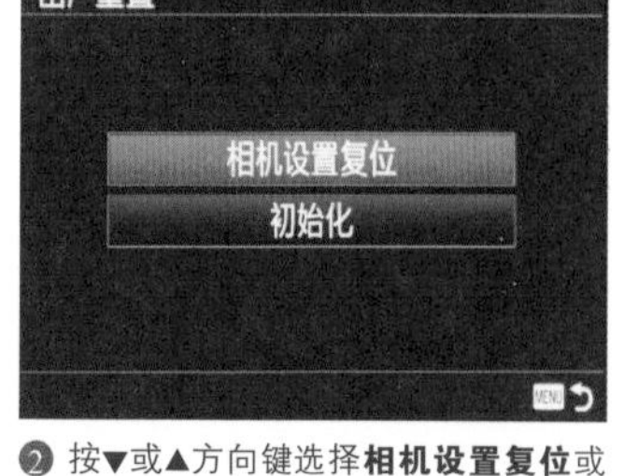

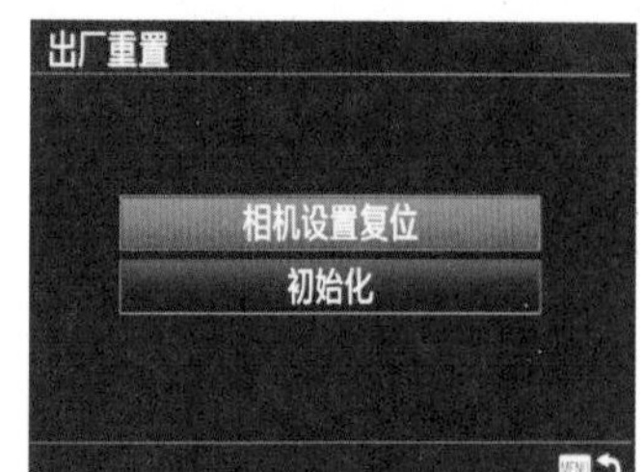

❷ 按▼或▲方向键选择**相机设置复位**或**初始化**选项

第4章 04 深入理解曝光与对焦

从一张照片看曝光三要素的重要性

一张照片是否曝光正常、主体的动作是否清晰或动感、画面景深是大还是小，都受光圈、快门速度、感光度3个因素的影响。

下面以右图为例，直观地说明曝光三要素对画面的影响。

虽然示例的照片看起来就是一张简单的跳跃人像照片，但实际上，在拍摄前，摄影师是需要精确地设置光圈、快门速度和感光度值的。

首先，画面的背景比较虚化，即景深较小，因而要使用较大的光圈值。

其次，画面中的人物主体呈现为跳跃在空中的状态，因此，要使用较高的快门速度来定格瞬间。

最后，通过照片的环境可以看出，拍摄地点是一条处于散射光下的过道，因两旁树木的遮挡，光线比较弱，为了使快门速度处于较高的值，要适当地提高感光度值。

（焦距：50mm ┆ 光圈：F3.5 ┆ 快门速度：1/640s ┆ 感光度：ISO400）

将光圈值设置F3.5，可以保证背景虚化，同时也不会因景深过小而使人物跑焦

将快门速度设置为1/640s，可以将人物跳跃的动作定格在画面中

将感光度值设置为ISO400，可以确保此曝光组合能够使画面曝光正常

光圈——拍出虚化人像的关键

认识光圈及表现形式

摄影初学者经常听到大光圈、小光圈、调光圈值之类的词，那么什么是光圈？什么是大光圈？什么又是小光圈？

光圈其实就是相机镜头内部的一个组件，它由许多片金属薄片组成，金属薄片可以活动，通过改变它的开启程度可以控制进入镜头光线的多少。光圈开启越大，通光量就越多；光圈开启越小，通光量就越少。

光圈表示方法	用字母F或f表示，如F8、f8（或F/8、f/8）
常见的光圈值	F1.4、F2、F2.8、F4、F5.6、F8、F11、F16、F22、F32、F36
变化规律	光圈每递进一挡，光圈口径就不断缩小，通光量也逐挡减半。例如，F5.6光圈的进光量是F8的两倍

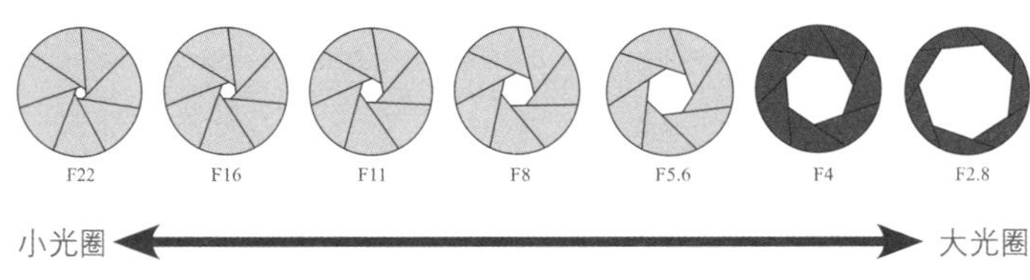

为了便于理解，可以将光线类比为水流，将光圈类比为水龙头。在同一时间段内，如果希望水流更大，水龙头就要开得更大。换言之，如果希望更多光线通过镜头，就需要使用较大的光圈；反之，如果不希望更多光线通过镜头，就需要使用较小的光圈。

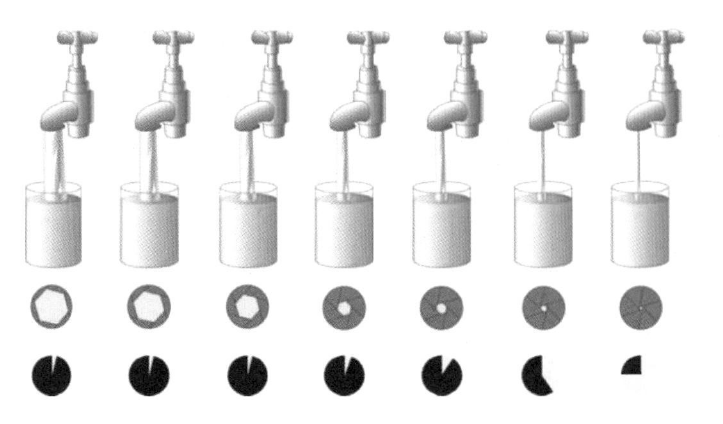

从镜头的底部可以看到镜头内部的光圈金属薄片

操作步骤 佳能相机设置光圈值的方法

在使用M挡拍摄时，转动速控转盘来调整光圈；在使用Av挡拍摄时，可旋转主拨盘来调整光圈

操作步骤 索尼相机设置光圈值的方法

旋转模式旋钮至光圈优先或手动模式。在光圈优先模式下，转动前/后转盘选择不同的光圈值，在手动模式下，转动前转盘选择不同的光圈值

如何记住光圈数值与光圈大小的对应关系

光圈越大，光圈数值就越小（如F1.2、F1.4）；反之，光圈越小，光圈数值就越大（如F18、F32）。初学者往往记不住这个对应关系，其实只要记住，光圈值实际上是一个倒数即可，例如，F1.2的光圈代表此时光圈的孔径是1/1.2，同理，F18的光圈代表此时光圈孔径是1/18，很明显1/1.2>1/18，因此，F1.2是大光圈，而F18是小光圈。

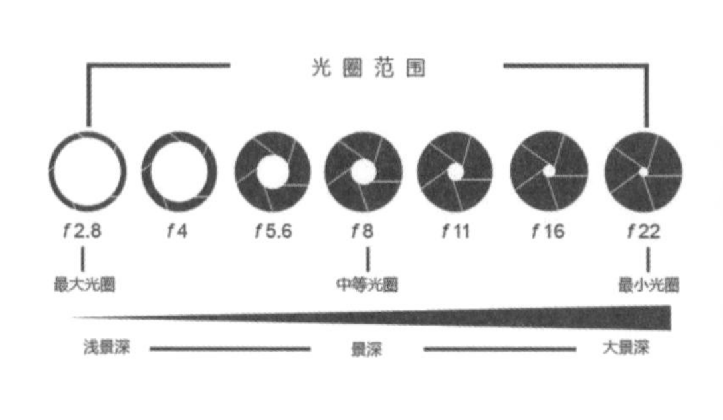

光圈对曝光的影响

在日常拍摄时，一般最先调整的曝光参数是光圈值，在其他参数不变的情况下，光圈增大一挡，则曝光量提高一倍，例如，光圈从F4增大至F2.8，即可增加一倍的曝光量；反之，光圈减小一挡，则曝光量也随之降低一半。

换句话说，光圈开启越大，通光量就越多，所拍摄出来的照片越明亮；光圈开启越小，通光量就越少，所拍摄出来的照片越暗淡。

↑（焦距：35mm ┆ 光圈：F3.2 ┆ 快门速度：1/10s ┆ 感光度：ISO640）

↑（焦距：35mm ┆ 光圈：F4 ┆ 快门速度：1/10s ┆ 感光度：ISO640）

↑（焦距：35mm ┆ 光圈：F4.5 ┆ 快门速度：1/10s ┆ 感光度：ISO640）

↑（焦距：35mm ┆ 光圈：F5.6 ┆ 快门速度：1/10s ┆ 感光度：ISO640）

从这组照片中可以看出，当光圈从F3.2逐级缩小至F5.6时，由于通光量逐渐降低，因此，拍摄出来的照片也逐渐变暗。

光圈对景深的影响

光圈是控制景深的重要因素。即在其他条件不变的情况下，光圈越大，景深越小；反之，光圈越小，景深越大。在拍摄时要想通过控制景深来使自己的作品更有艺术效果，就要合理使用大光圈和小光圈。

景深是描述照片清晰区域的专业术语，但对于初学者来说只要简单地将景深简单理解为背景或前景的模糊程度即可。

从这一组照片中可以看出，当光圈从F22逐渐增大到F4时，照片的背景就越来越模糊（即景深越来越小）。

理解光圈如何影响照片景深后，下面要了解的是在什么情况下用大光圈，什么情况下用小光圈。

大光圈（F1.2~F4）	小光圈（F8~F22）
形成小景深，能够模糊背景，以突出主体	形成大景深，让画面中的所有景物都能清晰地再现
人像摄影、微距摄影	风景摄影、建筑摄影、纪实摄影等

↑（焦距：70mm ┆ 光圈：F22 ┆ 快门速度：1/200s ┆ 感光度：ISO100）

↑（焦距：70mm ┆ 光圈：F14 ┆ 快门速度：1/320s ┆ 感光度：ISO100）

↑（焦距：70mm ┆ 光圈：F6.3 ┆ 快门速度：1/500s ┆ 感光度：ISO100）

↑（焦距：70mm ┆ 光圈：F4 ┆ 快门速度：1/640s ┆ 感光度：ISO100）

→ 大光圈的典型效果

（焦距：50mm ┆ 光圈：F2 ┆ 快门速度：1/500s ┆ 感光度：ISO100）

→ 小光圈的典型效果

（焦距：24mm ┆ 光圈：F16 ┆ 快门速度：1/5s ┆ 感光度：ISO100）

快门速度——定格高速运动的物体

快门与快门速度的含义

欣赏摄影师的作品，可以看到飞翔的鸟儿、跳跃在空中的人物、车流的轨迹、丝一般的流水这类画面，这些具有动感的场景都是控制快门速度的结果。

那么什么是快门速度呢？在按动快门按钮时，从快门打开到关闭所用的时间就是快门速度，这段时间实际上就是电子感光元件的曝光时间。

所以，快门速度决定了曝光时间的长短。快门速度越高，则曝光时间越短，曝光量越低；快门速度越低，则曝光时间越长，曝光量越高。

右侧分别展示了使用佳能与索尼相机时，控制快门速度的方法。

拍摄天空中飞翔的鸟儿时，需要使用较高的快门速度来定格画面（焦距：300mm ┆ 光圈：F6.3 ┆ 快门速度：1/640s ┆ 感光度：ISO400）

快门结构

操作步骤 佳能相机设置快门速度值的方法

在使用M挡或Tv挡拍摄时，直接向左或向右转动主拨盘，即可调整快门速度数值

操作步骤 索尼相机设置快门速度值的方法

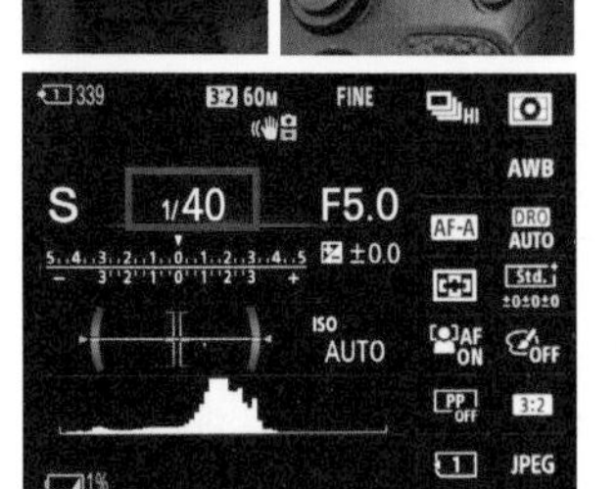

在快门优先和全手动模式下，转动主指令拨盘即可选择不同的快门速度值

快门速度的表示方法

快门速度以秒为单位，低端入门级数码单反相机的快门速度范围通常为 1/4000~30s，而中、高端单反相机，如 Canon EOS 5DMark Ⅳ、Nikon D850 的最高快门速度可达 1/8000s，已经可以满足大部分题材的拍摄要求。

分类	常见快门速度	适用范围
低速快门	30s、15s、8s、4s、2s、1s	在拍摄夕阳、日落后及天空仅有少量微光的日出前后时，都可以使用光圈优先曝光模式或手动曝光模式。使用1s~5s的快门速度，也能够将瀑布或溪流拍摄出如同棉絮一般的梦幻效果，使用10~30s可以拍摄光绘、车流、银河等题材
	1s、1/2s	适合在昏暗的光线下，使用较小的光圈获得足够的景深，通常用于拍摄稳定的对象，如建筑、城市夜景等
	1/4s、1/8s、1/15s	1/4s的快门速度可以作为拍摄成人夜景人像时的最低快门速度。该快门速度区间也适合拍摄一些光线较强的夜景，如明亮的步行街和光线较好的室内
中速快门	1/30s	在使用标准镜头或广角镜头拍摄时，该快门速度可以视为最慢的快门速度，但在使用标准镜头时，对手持相机的平稳性有较高的要求
	1/60s	对于标准镜头而言，该快门速度可以保证进行各种场合的拍摄
	1/125s	这一挡快门速度非常适合在户外阳光明媚时使用，同时也能够拍摄运动幅度较小的物体，如走动中的人
	1/250s	适合拍摄中等运动速度的拍摄对象，如游泳运动员、跑步中的人或棒球活动等
高速快门	1/500s	该快门速度可以抓拍一些运动速度较快的对象，如行驶的汽车、跑动中的运动员、奔跑中的马等
	1/1000s、1/2000s、1/4000s、1/8000s	该快门速度区间可以用于拍摄一些极速运动的对象，如赛车、飞机、足球运动员、飞鸟及瀑布飞溅出的水花等

使用慢速快门拍摄，得到了车灯形成轨迹的画面（焦距：35mm ┆ 光圈：F16 ┆ 快门速度：10s ┆ 感光度：ISO100）

快门速度对曝光的影响

如前面所述，快门速度的快慢决定了曝光量的多少。具体而言，在其他条件不变的情况下，每一倍的快门速度变化，会导致一倍曝光量的变化。例如，当快门速度由1/125s变为1/60s时，由于快门速度慢了一半，曝光时间增加了一倍，因此，总的曝光量也随之增加了一倍。

个（焦距：105mm ¦ 光圈：F4.5 ¦ 快门速度：1/15s ¦ 感光度：ISO100）

个（焦距：105mm ¦ 光圈：F4.5 ¦ 快门速度：1/10s ¦ 感光度：ISO100）

个（焦距：105mm ¦ 光圈：F4.5 ¦ 快门速度：1/8s ¦ 感光度：ISO100）

个（焦距：105mm ¦ 光圈：F4.5 ¦ 快门速度：1/6s ¦ 感光度：ISO100）

个（焦距：105mm ¦ 光圈：F4.5 ¦ 快门速度：1/5s ¦ 感光度：ISO100）

个（焦距：105mm ¦ 光圈：F4.5 ¦ 快门速度：1/4s ¦ 感光度：ISO100）

通过这组照片可以看出，在其他曝光参数不变的情况下，当快门速度逐渐变慢时，由于曝光时间变长，因此，拍摄出来的照片也逐渐变亮。

快门对画面动感的影响

快门速度不仅影响进光量，还会影响画面的动感效果。在表现静止的景物时，快门的快慢对画面不会有什么影响，除非摄影师在拍摄时有意摆动镜头，但在表现动态的景物时，不同的快门速度能够营造出不一样的画面效果。

这一组示例照片是在焦距、感光度都不变的情况下，分别将快门速度依次调慢所拍摄的。

对比下方这一组照片，可以看到当快门速度较快时，水流被定格成为清晰的水珠，但当快门速度逐渐降低时，水流在画面中渐渐变为拉长的运动线条。

（焦距：70mm ¦ 光圈：F18 ¦ 快门速度：1/2s ¦ 感光度：ISO50）

（焦距：70mm ¦ 光圈：F12 ¦ 快门速度：1/3s ¦ 感光度：ISO50）

（焦距：70mm ¦ 光圈：F10 ¦ 快门速度：1/6s ¦ 感光度：ISO50）

（焦距：70mm ¦ 光圈：F8 ¦ 快门速度：1/8s ¦ 感光度：ISO50）

（焦距：70mm ¦ 光圈：F6.4 ¦ 快门速度：1/16s ¦ 感光度：ISO50）

（焦距：70mm ¦ 光圈：F5 ¦ 快门速度：1/20s ¦ 感光度：ISO50）

（焦距：70mm ¦ 光圈：F4 ¦ 快门速度：1/32s ¦ 感光度：ISO50）

（焦距：70mm ¦ 光圈：F3.2 ¦ 快门速度：1/64s ¦ 感光度：ISO50）

拍摄效果	快门速度设置	说明	适用拍摄场景
凝固运动对象的精彩瞬间	使用高速快门	拍摄对象的运动速度越高，采用的快门速度也要越快	运动中的人物、奔跑的动物、飞鸟、瀑布
运动对象的动态模糊效果	使用低速快门	使用的快门速度越低，所形成的动感线条越柔和	流水、夜间的车灯轨迹、风中摇摆的植物、流动的人群

感光度——让照片更干净的关键参数

理解感光度

作为曝光三要素之一的感光度，在调整曝光的操作中，通常作为最后一项。感光度是指相机的感光元件（即图像传感器）对光线的感光敏锐程度。

在相同条件下，感光度越高，相机对光线越敏感，曝光越充分，照片就会越亮。

下面的表格分别针对佳能与索尼展示了不同相机的感光度范围，基本的规律是越高端的相机感光度的范围越广。

操作步骤 佳能单反设置感光度的方法

按住ISO按钮，然后转动主拨盘即可调节ISO感光度的数值

操作步骤 索尼微单设置感光度的方法

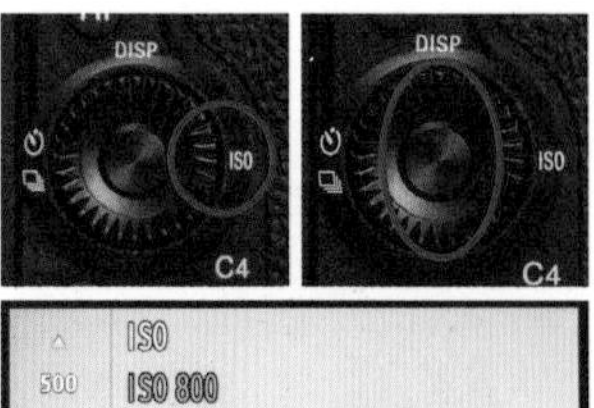

在P、A、S、M模式下，可以按下ISO按钮，然后转动控制拨轮或按下▲或▼方向键选择ISO感光度数值

APS-C画幅/DX画幅		
佳能	Canon EOS 800D	Canon EOS 90D
ISO感光度范围	ISO100~ISO25600 可以向上扩展至 ISO51200	ISO100~ISO25600 可以向上扩展到 ISO51200
索尼	SONY α6500	SONY α6600
ISO感光度范围	ISO100~ISO25600 可以向上扩展至 ISO51200	ISO100 ~ ISO32000 可以向上扩展至 ISO102400
尼康	Nikon D5600	Nikon D7500
ISO感光度范围	ISO100~ISO25600	ISO100~ISO51200 可以向下扩展至ISO50，向上扩展到ISO1640000
全画幅		
佳能	Canon EOS EOS 6D Mark Ⅱ	Canon EOS 5D Mark Ⅳ
ISO感光度范围	ISO100~ISO40000 可以向下扩展至ISO50，向上扩展至ISO 102400	ISO100~ISO32000， 可以向下扩展至ISO50，向上扩展至ISO102400
索尼	SONY α7R Ⅲ	SONY α7R Ⅳ
ISO感光度范围	ISO100~ISO32000，可以扩展至ISO50~102400	ISO100~ISO32000，可以扩展至ISO 50~ISO102400
尼康	Nikon D810	Nikon D850
ISO感光度范围	ISO64~ISO12800 可以向上扩展到ISO51200	ISO64~ISO25600 可以向下扩展至ISO32，向上扩展到ISO102400

感光度对曝光效果的影响

在有些场合拍摄时，如在森林中拍摄鸟类、光线较暗的博物馆等，光圈与快门速度已经没有调整的空间了，并且在无法开启闪光灯补光的情况下，便只剩下提高感光度这一种选择。

在其他条件不变的情况下，感光度每增加一挡，感光元件对光线的敏锐度会随之增加一倍，即曝光量增加一倍；反之，感光度每减少一挡，曝光量则减少一半。

固定的曝光组合	想要进行的操作	方法	示例说明
F2.8、1/200s、ISO400	改变快门速度并使光圈数值保持不变	提高或降低感光度	例如，快门速度提高一倍（变为1/400s），则可以将感光度提高一倍（变为ISO800）
F2.8、1/200s、ISO400	改变光圈值而保证快门速度不变	提高或降低感光度	例如，增加两挡光圈（变为F1.4），则可以将ISO感光度数值降低两挡（变为ISO100）

下面是一组在焦距为50mm、光圈为F3.2、快门速度为1/20s的特定参数下，只改变感光度拍摄的照片效果。

↑（焦距：50mm ┊ 光圈：F3.2 ┊ 快门速度：1/20s ┊ 感光度：ISO100）

↑（焦距：50mm ┊ 光圈：F3.2 ┊ 快门速度：1/20s ┊ 感光度：ISO125）

↑（焦距：50mm ┊ 光圈：F3.2 ┊ 快门速度：1/20s ┊ 感光度：ISO200）

↑（焦距：50mm ┊ 光圈：F3.2 ┊ 快门速度：1/20s ┊ 感光度：ISO320）

这组照片是在M挡手动曝光模式下拍摄的，在光圈、快门速度不变的情况下，随着ISO数值的增大，由于感光元件的感光敏感度越来越高，使画面变得越来越亮。

ISO感光度与画质的关系

不同相机对于感光度的控制能力也不相同，例如，以 Canon EOS 90D/SONY α6600（APS-C 画幅）为例的中端相机，在感光度的控制方面较为优秀。Canon EOS 90D 的感光度范围为 ISO100 ~ ISO25600，并可以向上扩展至 H（相当于 ISO51200），SONY α6600 的感光度范围为 ISO100 ~ ISO32000，并可以向上扩展至 H （相当于 ISO102400）。在光线充足的情况下，使用 ISO100 或 ISO200 的设置即可。

以 Canon EOS 5D Mark Ⅳ和 SONY α7R Ⅳ（全画幅）为例的高端相机，Canon EOS 5D Mark Ⅳ的感光度范围是 ISO100 ~ ISO32000，向上可以扩展到 ISO102400，向下可以扩展为 ISO 50。SONY α7R Ⅳ的感光度范围是 ISO100 ~ ISO32000，向上可以扩展到 ISO102400，向下可以扩展为 ISO50。使用这样的高端相机即使在弱光下使用 ISO 6400 来拍摄，在画面上出现的噪点也仍然在可接受的范围内。

由此不难看出，越是高端的相机，对于感光度的控制越优秀，能够使用的感光度数值越高，因此能够在各类弱光环境下使用。

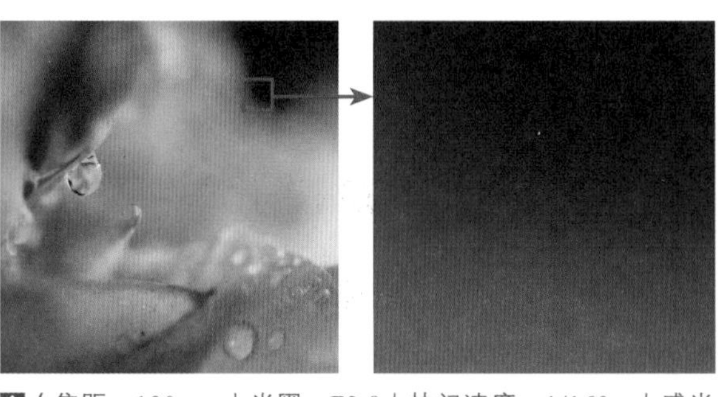

从这组照片中可以看出，在光圈优先曝光模式下，当ISO感光度数值发生变化时，快门速度也发生了变化，因此，照片的整体曝光量并没有变化。但仔细观察细节可以看出，照片的画质随着ISO数值的增大而逐渐变差。

↑（焦距：100mm ┆ 光圈：F2.8 ┆ 快门速度：1/160s ┆ 感光度：ISO100）

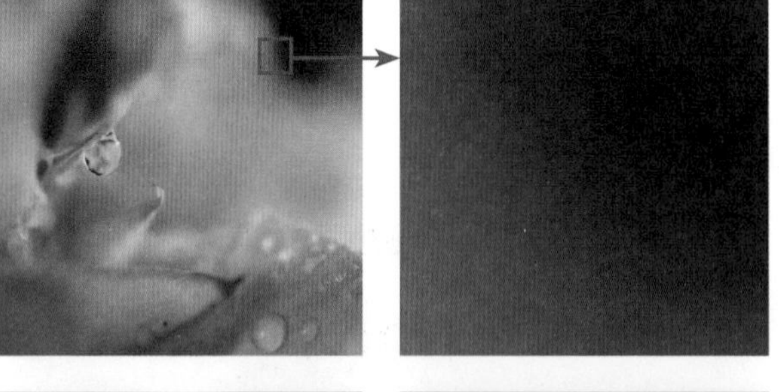

←（焦距：100mm ┆ 光圈：F2.8 ┆ 快门速度：1/1000s ┆ 感光度：ISO800）

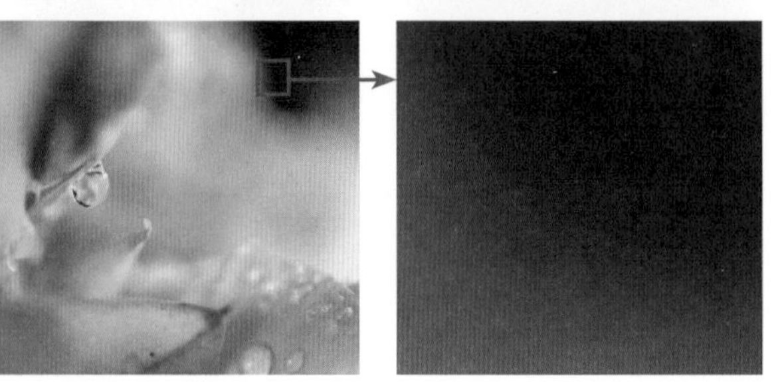

←（焦距：100mm ┆ 光圈：F2.8 ┆ 快门速度：1/4000s ┆ 感光度：ISO3200）

感光度的设置原则

除需要高速抓拍或不能给画面补光的特殊场合，并且只能通过提高感光度来拍摄的情况外，其他情况不建议使用过高的感光度值。感光度除了会对曝光产生影响外，对画质也有极大的影响，这一点即使是全画幅相机也不例外。感光度越低，画质越好；反之，感光度越高，越容易产生噪点、杂色，画质就越差。

在条件允许的情况下，建议采用相机基础感光度中的最低值，一般为ISO100，这样可以得到较高的画质。

需要特别指出的是，在光线充足与不足的情况下分别拍摄时，即使设置相同的ISO感光度，在光线不足时拍出的照片中也会产生更多的噪点，如果此时再使用较长的曝光时间，就更容易产生噪点。因此，在弱光环境中拍摄时，需要根据拍摄需求灵活设置感光度，并配合高ISO感光度降噪和长时间曝光降噪功能来获得较高的画质。

感光度设置	对画面的影响	补救措施
光线不足时设置低感光度值	会导致快门速度过低，在手持拍摄时容易因为手的抖动而导致画面模糊	无法补救
光线不足时设置高感光度值	会获得较高的快门速度，不容易造成画面模糊，但是画面噪点增多	可以用后期软件降噪

在拍摄这张逆光人像照片时，由于太阳角度还较高，所以使用较低的感光度不仅可以保证画面的曝光正常，也能获得细腻的画质（焦距：85mm ┆ 光圈：F2.8 ┆ 快门速度：1/250s ┆ 感光度：ISO160）

景深——清晰与虚化的总开关

景深的概念

景深是指被摄景物前后的清晰范围。清晰范围大的称为大景深，如大场景的风光类照片；清晰范围小的称为小景深，如背景虚化的人像类的照片。

利用景深原理，可以使用小景深将一些无关紧要的背景虚化掉，而使拍摄主体在画面中得到清晰、突出的表现；拍摄风光时，又可以用大景深使画面前后的景物都得以清晰再现。

小景深——虚化背景

通常，小景深的画面效果可通过使用长焦镜头、较大光圈和进行近距离拍摄等方式来实现。

由于小景深清晰范围较小，很轻易就能实现主体清楚而背景模糊的画面效果，而且景深越小，环境越模糊，比较适合拍摄人像、静物和微距等题材。

利用大光圈镜头得到小景深的画面，在虚化背景的衬托下，人物在画面中很清晰（焦距：85mm ┆ 光圈：F2 ┆ 快门速度：1/1600s ┆ 感光度：ISO100）

大景深——展现清晰大场景

通过使用广角镜头、较小的光圈和进行远距离拍摄可以实现大景深的拍摄效果。由于大景深有较大的清晰范围，画面中可纳入更多的环境，所以比较适合风光摄影、纪实摄影、建筑摄影和夜景摄影等。

用广角镜头和小光圈得到的大景深画面，清晰表现了城市夜景，渲染了画面气氛（焦距：20mm ┆ 光圈：F14 ┆ 快门速度：10s ┆ 感光度：ISO100）

影响景深的4大要素

影响景深的因素——光圈

在日常拍摄人像、微距题材时，常设置大光圈以虚化背景，来有效地突出主体；而拍摄风景、建筑、纪实等题材时，常设置小光圈使画面中的所有景物都能清晰地呈现。

由此可知，光圈是控制景深（背景虚化程度）的重要因素。在相机焦距不变的情况下，光圈越大，景深越小（背景越模糊）；反之，光圈越小，景深越大（背景越清晰）。在拍摄时想通过控制景深来使自己的作品更有艺术效果，就要合理使用大光圈和小光圈。

（焦距：90mm ┆ 光圈：F2.8 ┆ 快门速度：1/80s ┆ 感光度：ISO800）

（焦距：90mm ┆ 光圈：F6.3 ┆ 快门速度：1/15s ┆ 感光度：ISO800）

（焦距：90mm ┆ 光圈：F13 ┆ 快门速度：1/4s ┆ 感光度：ISO800）

从上面这组照片中可以看出，当光圈从F2.8变化到F9时，照片的景深也逐渐变大，原本因使用了大光圈被模糊的小饰品，由于光圈逐渐变小而渐渐清晰起来。

影响景深的因素——焦距

细心的摄影初学者会发现，在使用广角端拍摄时，即使将光圈设置得很大，虚化效果也不明显，而使用长焦端拍摄时，同样的光圈值，虚化效果明显比广角端好。由此可知，当其他条件相同时，拍摄时所使用的焦距越长，画面的景深就越浅（小），即可以得到更明显的虚化效果；反之，焦距越短，则画面的景深就越深（大），越容易得到前后都清晰的画面效果。

（焦距：70mm ┆ 光圈：F2.8 ┆ 快门速度：1/640s ┆ 感光度：ISO100）

（焦距：140mm ┆ 光圈：F2.8 ┆ 快门速度：1/640s ┆ 感光度：ISO100）

（焦距：200mm ┆ 光圈：F2.8 ┆ 快门速度：1/640s ┆ 感光度：ISO100）

从上面这组照片中可以看出，通过对使用不同的焦距拍摄的花卉进行对比可以看出，焦距越长，主体越清晰，画面的景深也越小。

影响景深的因素——物距

当镜头已被拉至长焦端，发现背景还是虚化不够，或者使用定焦镜头拍摄时，距离主体较远，发现背景虚化不明显，那么，此时可以考虑走近拍摄对象拍摄，以加强小景深效果。在其他条件不变的情况下，拍摄者与被摄对象之间的距离越近，越容易得到浅景深的虚化效果；反之，如果拍摄者与被摄对象之间的距离较远，则不容易得到虚化效果。

这一点在使用微距镜头拍摄时体现得更为明显，当离被摄对象很近时，画面中的清晰范围就变得非常浅。因此，在人像摄影中，为了获得较小的景深，经常采取靠近被摄者拍摄的方法。

右侧的一组照片是在所有拍摄参数都不变的情况下，只改变镜头与被摄对象之间的距离时拍摄得到的。通过这组照片可以看出，当镜头距离前景位置的蜻蜓越远时，其背景的模糊效果就越差；反之，镜头越靠近蜻蜓，拍出画面的背景虚化效果就越好。

↑镜头距离蜻蜓 100cm

↑镜头距离蜻蜓 70cm

↑镜头距离蜻蜓 40cm

有摄影初学者问，在拍摄时使用的是长焦焦距、较大光圈值，距离主体也较近，但是为什么还是背景虚化得不明显？观看其拍摄的画面，原因在于主体离背景非常近。拍摄时，在其他条件不变的情况下，画面中的背景与被摄对象的距离越远，越容易得到浅景深的虚化效果；反之，如果画面中的背景与被摄对象位于同一个焦平面上，或者非常靠近，则不容易得到虚化效果。

右侧一组照片是在所有拍摄参数都不变的情况下，只改变被摄对象距离背景的远近拍出的。

通过这组照片可以看出，在镜头位置不变的情况下，玩偶距离背景越近，背景的虚化程度就越低。

玩偶距离背景 20cm

玩偶距离背景 10cm

玩偶距离背景 0cm

根据画面效果选择拍摄模式

小景深、大景深效果选择光圈优先曝光模式

在光圈优先曝光模式下，相机会根据当前设置的光圈值自动计算出合适的快门速度。使用光圈优先曝光模式可以控制画面的景深，在同样的拍摄距离下，光圈越大，景深越小，即拍摄对象（对焦的位置）前景、背景的虚化效果就越好；反之，光圈越小，则景深越大，即拍摄对象前景、背景的清晰度越高。

当光圈过大而导致快门速度超出了相机的极限时，如果仍然希望保持该光圈，可以尝试降低 ISO 感光度的数值，或使用中灰滤镜减少光线进入量。

使用光圈优先模式并设置大光圈值拍摄，得到了背景虚化而花朵突出的效果（焦距：70mm ┆ 光圈：F2.8 ┆ 快门速度：1/250s ┆ 感光度：ISO160）

操作步骤 佳能相机设置光圈优先

按下模式转盘解锁按钮不放，然后将模式转盘转至 Av 图标。在光圈优先曝光模式下，可以转动主拨盘调节光圈数值

操作步骤 索尼相机设置光圈优先

按住模式旋钮锁定解除按钮并同时转动模式旋钮，使 A 图标对齐左侧的白色标志处，即可选择光圈优先模式。在 A 模式下，转动前 / 后转盘可以选择不同光圈值。

动感、凝固效果选择快门优先曝光模式

在快门优先曝光模式下，摄影师可以指定一个快门速度，相机会自动计算光圈的大小，以获得正常的曝光。较高的快门速度可以凝固动作或者移动的主体；较慢的快门速度可以产生模糊效果，从而产生动感。

在拍摄时，快门速度需要根据拍摄对象的运动速度及照片的表现形式（即凝固瞬间的清晰还是带有动感的模糊）来决定。

拍摄飞翔中的鸟类时可使用快门优先模式，以便设置较高的快门速度，将其清晰地定格在画面中（焦距：320mm ┆ 光圈：F11 ┆ 快门速度：1/1600s ┆ 感光度：ISO100）

操作步骤 佳能相机设置快门优先

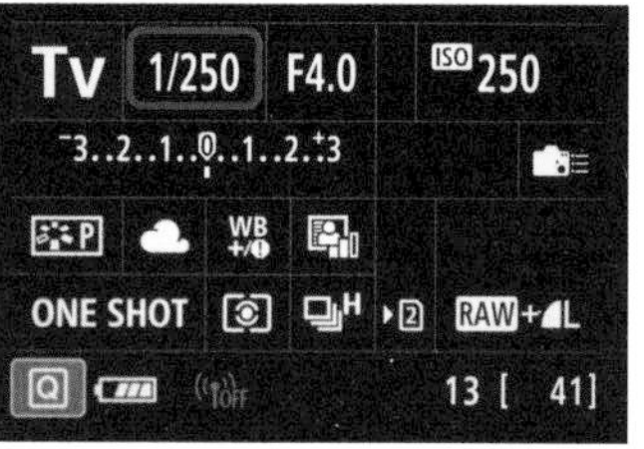

按下模式转盘解锁按钮不放，然后将模式转盘转至 Tv 图标。在快门优先曝光模式下，用户可以转动主拨盘调整快门速度数值

操作步骤 索尼相机设置快门优先

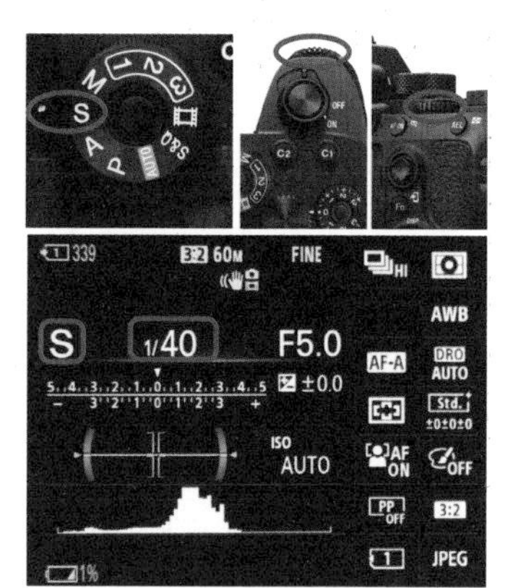

按住模式旋钮锁定解除按钮并同时转动模式旋钮，使 S 图标对齐左侧的白色标志处，即可选择快门优先模式。在 S 模式下，转动前 / 后转盘可以选择不同的快门速度值

灵活控制曝光选择手动曝光模式

在全手动模式下，所有拍摄参数都由摄影师手动进行设置，使用 M 挡全手动模式有以下优点：

首先，使用 M 挡全手动模式拍摄时，当摄影师设置好恰当的光圈、快门速度数值后，即使移动镜头进行再次构图，光圈与快门速度数值也不会发生变化。

其次，在其他曝光模式下拍摄时，往往需要根据场景的亮度，在测光后进行曝光补偿的操作；而在 M 挡全手动模式下，由于光圈与快门速度值都是摄影师来设定的，因此设定的同时就可以将曝光补偿考虑在内，从而省略了曝光补偿的设置操作过程。

另外，当在摄影棚拍摄并使用了频闪灯或外置的非专用闪光灯时，由于无法使用相机的测光系统，而需要使用闪光灯测光表或通过手动计算来确定正确的曝光值，此时也需要手动设置光圈和快门速度，从而实现正确的曝光。

使用手动模式拍摄烟花，可以根据摄影师自己的意图控制曝光时间，从而获得独特的画面效果（焦距：24mm ┆ 光圈：F10 ┆ 快门速度：10s ┆ 感光度：ISO100）

操作步骤 佳能相机设置手动曝光模式

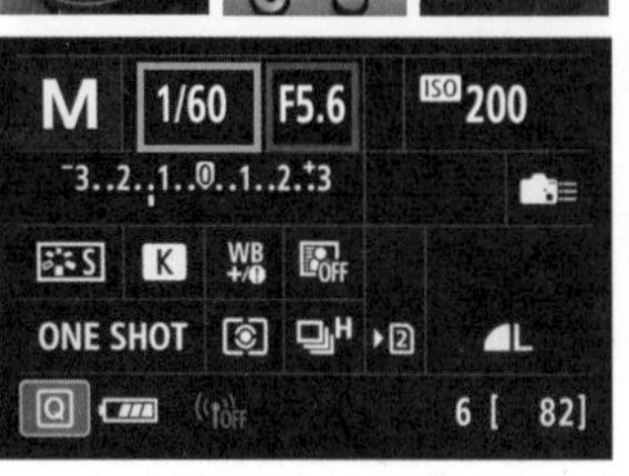

在全手动曝光模式下，转动主拨盘可以调节快门速度值，转动速控转盘可以调节光圈值

操作步骤 佳能相机设置手动曝光模式

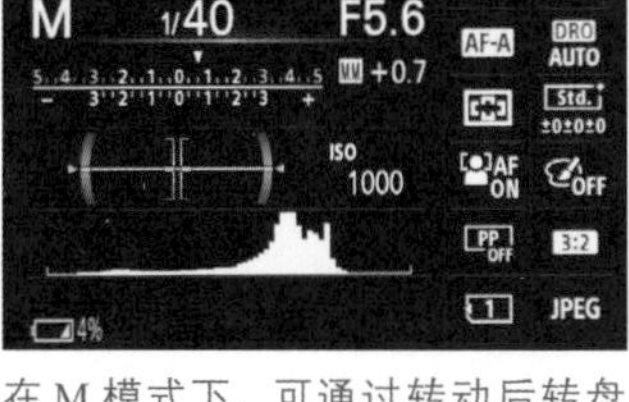

在 M 模式下，可通过转动后转盘来设置快门速度，转动前转盘来设置光圈值

快速抓拍选择程序自动曝光模式

程序自动曝光模式在高级曝光模式中如同全自动曝光模式，该模式锁定了快门速度及光圈值，而 ISO 感光度、白平衡、曝光补偿和闪光灯等参数都可以由摄影师根据需要自己设定，其最大的优点是操作简单、快捷，这对新闻、纪实等需要大量抓拍的拍摄题材而言非常有用。

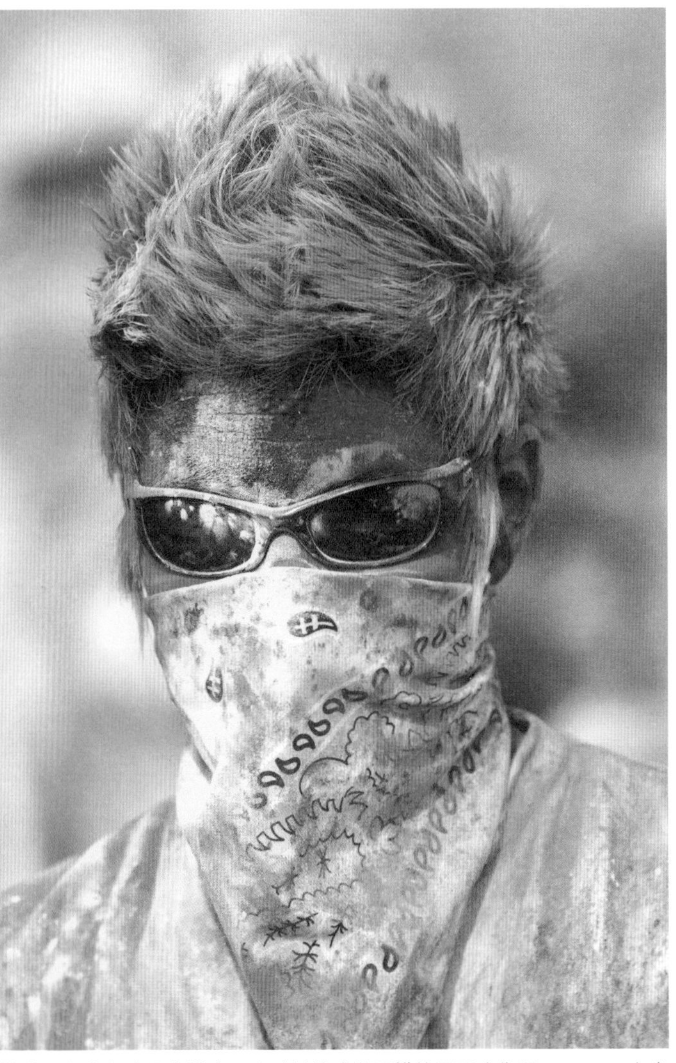

使用程序自动曝光模式可随时抓拍感觉不错的画面（焦距：200mm ┆ 光圈：F4 ┆ 快门速度：1/500s ┆ 感光度：ISO200）

操作步骤 **佳能相机设置程序自动曝光模式**

按下模式转盘解锁按钮不放，然后将模式转盘转至 P 图标。在程序自动模式下，用户可以通过转动主拨盘来选择快门速度和光圈的不同组合

操作步骤 **索尼相机设置程序自动曝光模式**

按住模式旋钮锁定解除按钮并同时转动模式旋钮，使 P 图标对齐左侧的白色标志处，即可选择程序自动模式。在 P 模式下的合焦状态下转动前 / 后转盘，可以选择不同光圈值和快门速度的组合

曝光补偿——控制画面的亮度

曝光补偿的概念

相机的测光是基于18% 中性灰建立的。由于单反相机的测光主要是由景物的平均反光率确定的，而除了反光率比较高的场景（如雪景、云景）及反光率比较低的场景（如煤矿、夜景），其他大部分场景的平均反光率都在18% 左右，这一数值正是灰度为18% 物体的反光率。因此，可以简单地将相机的测光原理理解如下：当所拍摄场景中被摄物体的反光率接近于18% 时，相机就会做出正确的测光。

所以，在拍摄一些极端环境，如较亮的白雪场景或较暗的弱光环境时，相机的测光结果就是错误的，此时就需要摄影师通过调整曝光补偿来得到想要的拍摄结果，如下图所示。

通过调整曝光补偿数值，可以改变照片的曝光效果，从而使拍摄出来的照片传达出摄影师的表现意图。例如，通过增加曝光补偿，使照片轻微曝光过度以得到柔和的色彩与浅淡的阴影，赋予照片轻快、明亮的效果；或者通过减少曝光补偿，使照片变得阴暗。

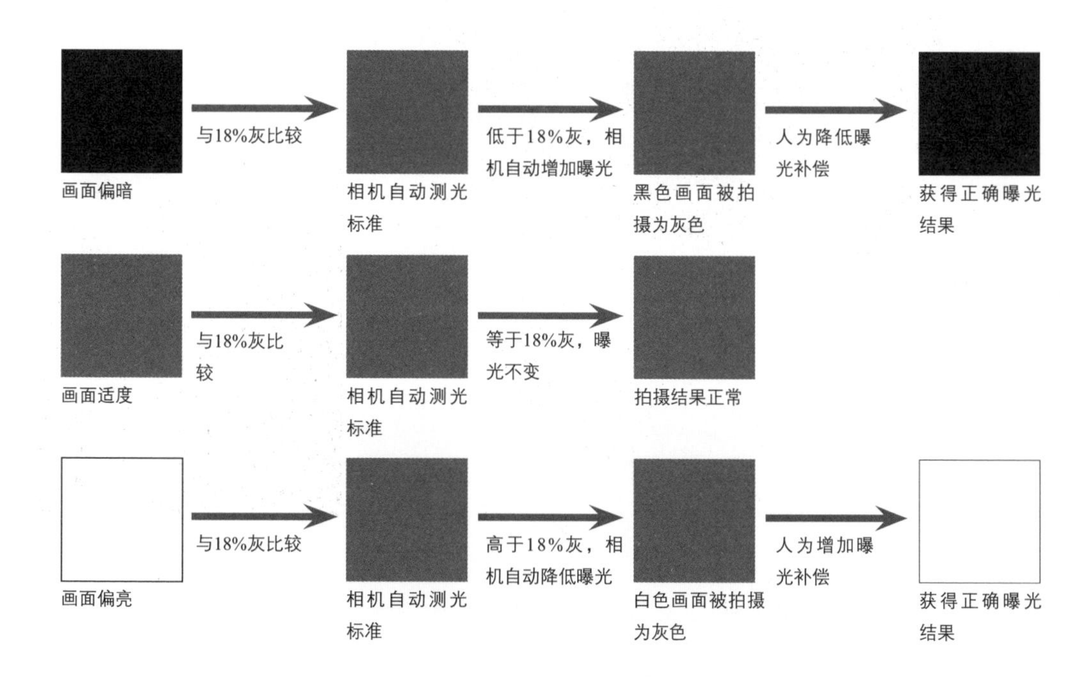

调整曝光补偿的方法

在拍摄时，是否能够主动运用曝光补偿技术，是判断一位摄影师是否真正理解摄影的光影奥秘的依据之一。

曝光补偿通常用类似于“±nEV”的方式来表示。“EV”是指曝光值，“+1EV”是指在自动曝光的基础上增加1挡曝光；“－1EV”是指在自动曝光的基础上减少1挡曝光，以此类推。佳能、索尼和尼康相机的曝光补偿范围均为－5.0~+5.0EV，可以以1/3EV或1/2EV为单位对曝光进行调整。

⚠ 在拍摄美女时，为了使其面部更白皙，可通过增加曝光补偿来提亮被摄者的面部，以达到美化人物的效果（焦距：135mm ┆ 光圈：F3.2 ┆ 快门速度：1/400s ┆ 感光度：ISO200）

操作步骤 佳能相机设置曝光补偿

在P、Tv、Av模式下，半按快门查看取景器曝光量指示标尺，然后转动速控转盘◎即可调节曝光补偿值

操作步骤 索尼相机设置曝光补偿

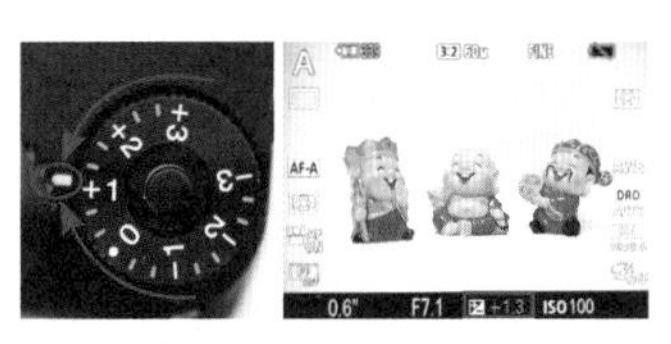

转动曝光补偿旋钮，将所需曝光补偿值对齐左侧白线处。选择正值将增加曝光补偿，照片变亮；选择负值将减少曝光补偿，照片变暗

正确理解曝光补偿

许多摄影初学者在刚接触曝光补偿时，以为使用曝光补偿可以在曝光参数不变的情况下，提亮或加暗画面，这种认识是错误的。

实际上，曝光补偿是通过改变光圈与快门速度来提亮或加暗画面的。即在光圈优先模式下，如果增加曝光补偿，相机实际上是通过降低快门速度来实现的。在快门优先模式下，如果增加曝光补偿，相机实际上是通过增大光圈来实现的（直至达到镜头的最大光圈），因此，当光圈达到镜头的最大光圈时，曝光补偿就不再起作用。

下面通过两组照片及相应拍摄参数来佐证这一点。

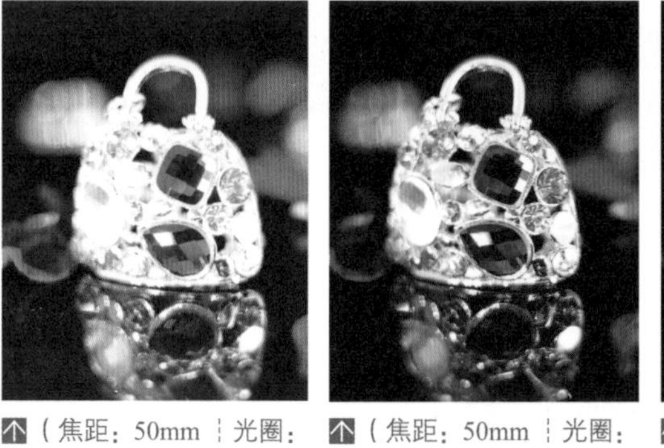

↑（焦距：50mm ¦ 光圈：F1.4 ¦ 快门速度：1/10s ¦ 感光度：ISO100 ¦ 曝光补偿：+1.3EV）

↑（焦距：50mm ¦ 光圈：F1.4 ¦ 快门速度：1/25s ¦ 感光度：ISO100 ¦ 曝光补偿：+0.7EV）

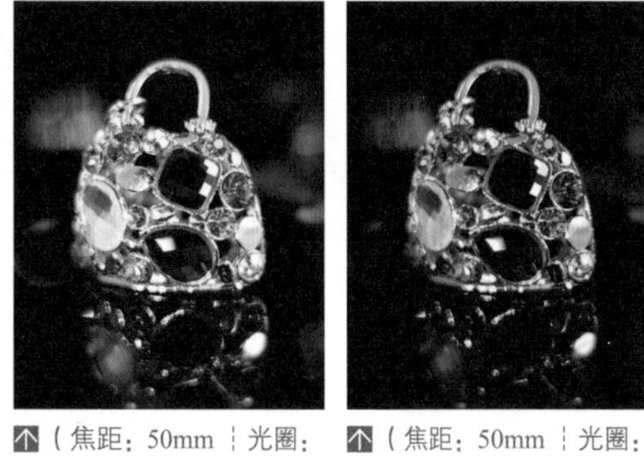

↑（焦距：50mm ¦ 光圈：F1.4 ¦ 快门速度：1/50s ¦ 感光度：ISO100 ¦ 曝光补偿：0EV）

↑（焦距：50mm ¦ 光圈：F1.4 ¦ 快门速度：1/80s ¦ 感光度：ISO100 ¦ 曝光补偿：-0.7EV）

从上面展示的4张照片中可以看出，在光圈优先模式下，改变曝光补偿，照片的画面越来越暗，但参数改变的实质是相机改变了快门速度，快门速度从最左侧的1/10s变化到了最右侧的1/80s。

↑（焦距：50mm ¦ 光圈：F2.5 ¦ 快门速度：1/50s ¦ 感光度：ISO100 ¦ 曝光补偿：-1.3EV）

↑（焦距：50mm ¦ 光圈：F2.2 ¦ 快门速度：1/50s ¦ 感光度：ISO100 ¦ 曝光补偿：-1EV）

↑（焦距：50mm ¦ 光圈：F1.4 ¦ 快门速度：1/50s ¦ 感光度：ISO100 ¦ 曝光补偿：+1EV）

↑（焦距：50mm ¦ 光圈：F1.2 ¦ 快门速度：1/50s ¦ 感光度：ISO100 ¦ 曝光补偿：+1.7EV）

从上面展示的4张照片中可以看出，在快门优先模式下，改变曝光补偿，照片越来越亮，实际上是改变了光圈大小，光圈从最左侧的F2.5变化到了最右侧的F1.2。

曝光补偿总原则——“白加黑减”

曝光补偿有正向与负向之分，即增加与减少曝光补偿，要判断是做正向还是负向曝光补偿，最简单的方法就是依据口诀“白加黑减”来判断。“白加”中提到的“白”并不是单纯地指白色，而是泛指一切颜色看上去比较亮的、比较浅的景物，如雪、雾、白云、浅色的花朵等；同理，“黑减”中提到的“黑”，也并不是单纯低指黑色，而是泛指一切颜色看上去比较暗的、比较深的景物，如夜景、阴暗的树林、黑胡桃色的木器等。

当拍摄“白色”的场景时，就应该做正向曝光补偿；而在拍摄“黑色”的场景时，就应该做负向曝光补偿。

应根据拍摄题材的特点进行曝光补偿，以得到合适的画面效果

测光模式——控制画面的明暗

一般数码单反相机的测光系统采用的均为反射式测光方式，即测定被摄体反射回来的光亮度，按照其测光元件安装的位置不同，可分为内测光和外测光两种；摄影师可根据不同的拍摄条件选择不同的测光模式。

评价测光（佳能[◉]）

评价测光模式是佳能相机的称法，在索尼相机中称为多重测光，在尼康相机中称为矩阵测光。在大多数拍摄情况下评价 / 多重测光模式是使用最多的一种测光模式，几乎所有相机厂商都将平均测光模式作为相机默认的测光模式。

评价测光 / 多重测光模式是通过测量取景画面中全部景物的平均亮度值，并以此为依据来确定曝光量的。

在蜻蜓和背景光线反差不大时，使用评价 / 矩阵测光就可以获得正确的曝光（焦距：200mm ┆ 光圈：F5.6 ┆ 快门速度：1/320s ┆ 感光度：ISO100）

操作步骤 佳能相机设置测光模式

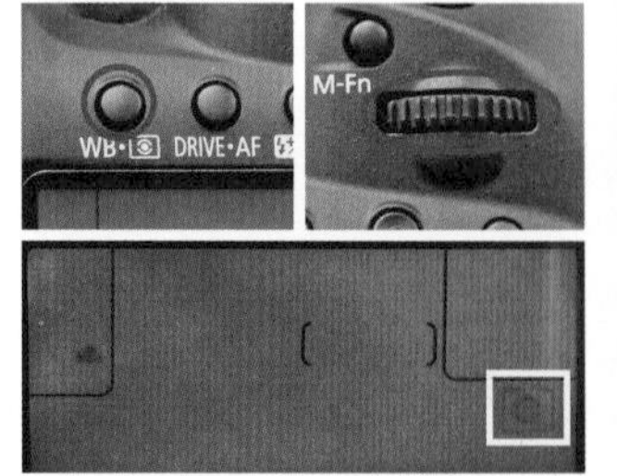

按住WB·◉按钮，然后转动主拨盘即可在 4 种测光方式之间进行切换

操作步骤 索尼相机设置测光模式

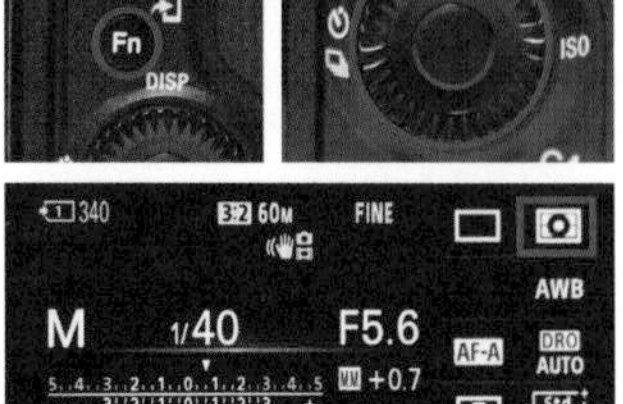

按下 Fn 按钮显示快速导航界面，按下◀▶▲▼方向键选择测光模式图标，然后转动前转盘选择不同的测光模式

评价测光模式示意图

中央重点平均测光（佳能[ ]）

中央重点平均测光是佳能相机的称法，在索尼相机中称为中心测光，在尼康相机中称为中央重点测光。中央重点平均测光适合在明暗反差较大的环境下进行测光，或者拍摄时要重点考虑画面中间位置被拍摄对象的曝光情况时使用，此时相机是以画面的中央区域作为最重要的测光参考，同时兼顾其他区域的测光数据。该方式能实现画面中央区域的精准曝光，又能保留部分背景的细节，因此这种测光模式适合拍摄主体位于画面中央主要位置的场景，在人像摄影、微距摄影等题材中经常使用。

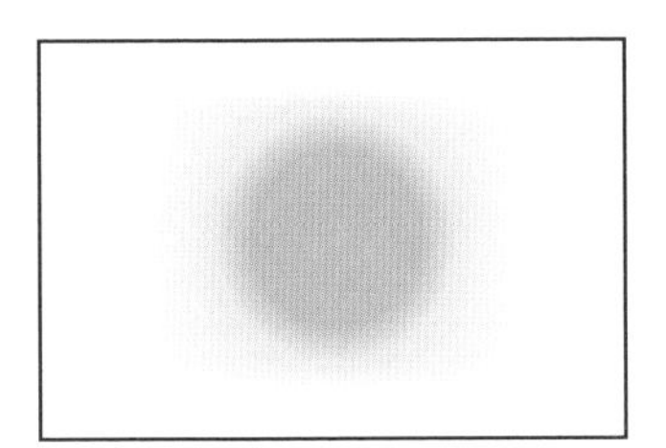

↑ 中央重点平均测光模式示意图

← 由于背景与人物的明暗反差较大，因此使用点测光针对人物面部进行测光，得到了人物曝光正常、背景被压暗的画面效果（焦距：40mm ¦ 光圈：F9 ¦ 快门速度：1/400s ¦ 感光度：ISO100）

局部测光（佳能[○]）

局部测光的测光区域约占画面的6.1%（以Canon EOS 5D Mark Ⅳ为例）。当主体占据画面的面积较小，又希望获得准确的曝光时，可以尝试使用该测光模式。

拍摄中景人像时常用这种测光模式，因为人物在画面中所占的面积相对较大，因此更适合使用测光区域更大一些的局部测光，而不是中央重点平均测光。

↑ 局部测光模式示意图

← 由于白鸟只占了画面的一部分，因此使用局部测光模式，使画面的层次、白鸟羽毛的质感都得到了较好的表现（焦距：300mm ¦ 光圈：F6.3 ¦ 快门速度：1/800s ¦ 感光度：ISO400）

点测光（佳能[•]）

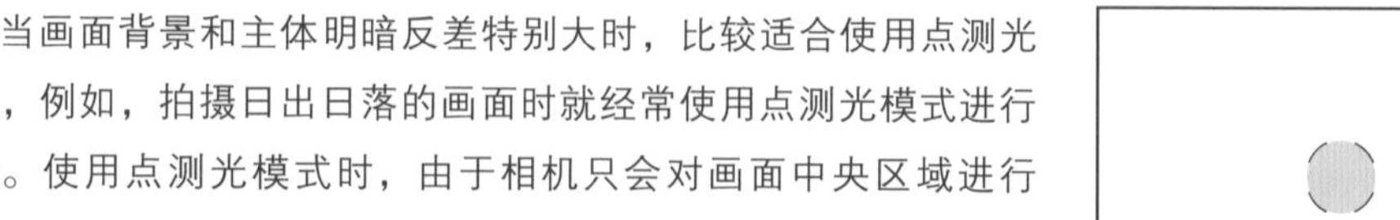

当画面背景和主体明暗反差特别大时，比较适合使用点测光模式，例如，拍摄日出日落的画面时就经常使用点测光模式进行测光。使用点测光模式时，由于相机只会对画面中央区域进行测光，而该区域只占整个画面的 1.3% 左右（以 Canon EOS 5D Mark Ⅳ为例），因此具有相当高的精准性。但是，要注意的是，如果选择的测光位置稍有不准确，就会出现曝光失误。

点测光模式示意图

此外，由于它只是对中央较小部分进行区域测光，所以，画面中暗部的很多细节会丢失，因此，在选用点测光模式时要十分慎重。

使用点测光模式以人物脸部为重点测光范围进行曝光，从所拍摄的画面中可看出人物的曝光最合适（焦距：200mm ┆ 光圈：F3.2 ┆ 快门速度：1/640s ┆ 感光度：ISO100）

使用点测光模式对天空测光，得到人物呈剪影的画面（焦距：70mm ┆ 光圈：F3.5 ┆ 快门速度：1/1000s ┆ 感光度：ISO100）

对焦模式——控制画面主体的清晰

数码单反相机的对焦模式通常分为自动对焦和手动对焦两种。自动对焦由于操作简便、对焦准确，为大多数拍摄者所采用；而手动对焦较难掌握，一般在一些特殊情况下才会使用此功能。

单次自动对焦（佳能）

单次对焦方式适用于建筑及风景等处于静止状态的拍摄对象，半按下快门后就会锁定对象位置，而大多数静止对象的拍摄采用的都是单点自动对焦模式。在佳能相机中称为“ONE SHOT 单次自动对焦”，在索尼相机中称为“AF-S 单次自动对焦”，在尼康相机中称为“AF-S 单次伺服自动对焦”。

↑ 适合使用单次自动对焦模式拍摄的题材

← 单次自动对焦模式很适合用来拍摄静物，可以获得准确清晰的画面（焦距：100mm ┆ 光圈：F2.8 ┆ 快门速度：1/100s ┆ 感光度：ISO640）

操作步骤 佳能相机设置自动对焦

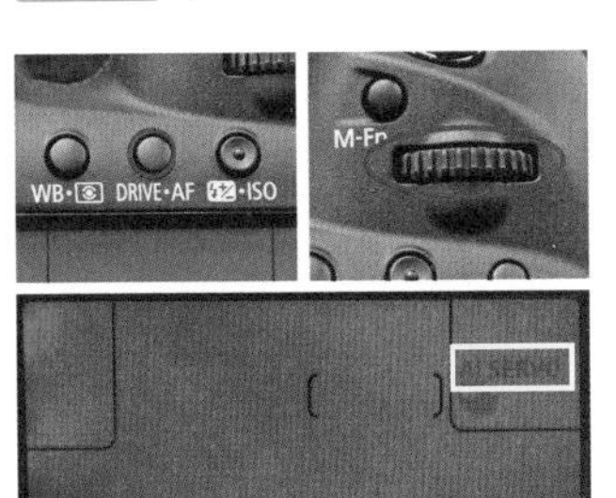

按住AF按钮并转动主拨盘，可以在 3 种自动对焦模式间切换

操作步骤 索尼相机设置自动对焦

在拍摄待机屏幕显示状态下，按下 Fn 按钮，然后按◀ ▶▲▼方向键选择对焦模式选项，转动前 / 后转盘选择所需对焦模式；或者按控制拨轮中央按钮，然后按▲或▼方向键选择对焦模式选项

人工智能伺服自动对焦（佳能）

在拍摄运动中的鸟、昆虫、人等对象时，如果摄影爱好者还使用单次自动对焦模式，便会发现拍摄的大部分画面都不清晰。对于运动的主体，在拍摄时，最适合选择连续自动对焦模式。佳能相机称之为“AI SERVO 人工智能伺服自动对焦”，索尼相机称之为“AF-C 连续自动对焦”，尼康相机称之为“AF-C 连续伺服自动对焦”。

在此自动对焦模式下，当摄影师半按快门合焦后，保持快门的半按状态，相机会在对焦点中自动切换以保持对运动对象的准确合焦状态，如果在这个过程中被摄对象的位置发生了较大的变化，只要移动相机使任何一个自动对焦点保持覆盖主体，就可以持续进行对焦。

拍摄玩耍中的猫咪时可使用连续伺服自动对焦模式，即使猫咪一直在运动，也可以将其清晰地拍摄下来（焦距：200mm ¦ 光圈：F3.2 ¦ 快门速度：1/800s ¦ 感光度：ISO200）

自动伺服对焦（尼康）/ 人工智能自动对焦（佳能）

这种对焦适用于无法确定拍摄对象是静止或运动状态的情况。此时相机自动根据拍摄对象是否运动来选择是单次对焦还是连续对焦。佳能相机中一般称之为“AI FOCUS 人工智能自动对焦”，索尼相机称之为“AF-A 自动对焦”，尼康相机中一般称之为“AF-A 自动伺服自动对焦”。

拍摄动静不定的昆虫时，采用自动伺服自动对焦模式，可以获得焦点清晰的画面（焦距：200mm ¦ 光圈：F11 ¦ 快门速度：1/320s ¦ 感光度：ISO100）

白平衡——控制画面色彩

什么是白平衡

无论是在室外的阳光下，还是在室内的白炽灯光下，人眼都能将白色视为白色，将红色视为红色，这是因为肉眼能够自动修正光源变化造成的着色差异。实际上，当光源改变时，作为这些光源的反射而被捕获的颜色也会发生变化，相机会精确地将这些变化记录在照片中，这样的照片在校正之前看上去是偏色的。

数码相机具有的“白平衡”功能，可以校正不同光源下色彩的变化，就像人眼的功能一样，使偏色的照片得到校正。

值得一提的是，在实际应用时，我们也可以尝试使用“错误”的白平衡设置，从而获得特殊的画面色彩。例如，在拍摄夕阳时，如果使用荧光灯白平衡或阴影白平衡，可以得到冷暖对比或带有强烈暖调色彩的画面，这也是白平衡的一种特殊应用方式。

使用阴影白平衡拍摄的画面呈紫红色（焦距：35mm ┆ 光圈：F18 ┆ 快门速度：1/13s ┆ 感光度：ISO200）

使用荧光灯白平衡拍摄的画面呈蓝色（焦距：22mm ┆ 光圈：F13 ┆ 快门速度：1/10s ┆ 感光度：ISO200）

操作步骤 佳能相机设置白平衡

按住 WB 按钮，然后转动速控转盘◎可选择不同的预设白平衡

操作步骤 索尼相机设置白平衡

按 Fn 按钮显示快速导航界面，按◀▶▲▼方向键选择白平衡模式图标，然后转动前转盘选择不同的白平衡模式

什么是色温

在摄影领域，色温用于说明光源的成分，单位为“K”。例如，日出日落时光的颜色为橙红色，这时色温较低，大约为3200K；太阳升高后，光的颜色为白色，这时色温高，大约为5400K；阴天的色温还要高一些，大约为6000K。色温值越大，则光源中所含的蓝色光越多；反之，色温值越小，则光源中所含的红色光越多。下图为常见场景的色温值。

低色温的光趋于红、黄色调，其能量分布中红色调较多，因此又通常被称为“暖光”；高色温的光趋于蓝色调，其能量分布较集中，也被称为“冷光”。通常在日落之时，光线的色温较低，因此拍摄出来的画面偏暖，适合表现夕阳静谧、温馨的感觉，为了加强这样的画面效果，可以叠加使用暖色滤镜，或是将白平衡设置成阴天模式。晴天、中午时分的光线色温较高，拍摄出来的画面偏冷，通常这时空气的能见度也较高，可以很好地表现大景深的场景。另外，冷色调的画面还可以很好地表现出冷清的感觉，在视觉上给人开阔的感觉。

预设白平衡的含义与典型应用

常见的白平衡模式有自动模式、日光 / 晴天模式、阴天模式、钨丝灯模式和荧光灯模式等，用户可以根据拍摄时光源的种类进行选择。

在一般情况下，使用自动白平衡模式就可以获得不错的效果。如果在特殊光线条件下，自动白平衡模式不够准确，此时，应根据不同光线条件来选择不同的白平衡模式。

↑ 背阴 / 阴影白平衡：其色温值为 7000K，在晴天的阴影中拍摄时，如大树的阴影下，由于其色温较高，使用阴影白平衡模式可以获得较好的色彩还原结果；反之，如果没有使用这个白平衡，则会产生不同程度的蓝色，即所谓的“阴影蓝”

↑ 闪光灯 / 使用闪光灯白平衡：其色温值为 6000K，此白平衡模式针对以闪光灯为主光源的拍摄，能够起到较好的色彩还原结果。注意，不同的闪光灯，其色温也不相同，因此还要进行实拍测试，才能确定色彩还原的准确性

↑ 阴天白平衡：其色温值为 6000K，适用于云层较厚的天气，或阴天的环境下

↑ 晴天 / 日光白平衡：其色温值为 5200K，适用于空气较为通透或天空有少量薄云的晴天，但如果是在正午时分，环境的色温已经达到 5800K，又或者是日出前、日落后，色温仅有 3000K 左右，此时使用曝光白平衡很难得到正确的色彩还原结果

↑ 白炽灯 / 钨丝灯白平衡：其色温为 3200K，适合拍摄与其对等的色温条件下的场景，如果拍摄其他场景会使画面色调偏蓝，严重影响色彩还原

↑ 荧光灯 / 白色荧光灯白平衡：其色温值为 4000K，色彩偏红，如果拍摄暖调照片，这种模式最适合不过了。但在晴天下使用该模式拍摄效果则相反

手调色温：自定义画面色调

在预设的白平衡模式中，预设色温比手动调整的范围要小一些，因此，当需要一些比较极端的效果时，预设的白平衡就显得有些力不从心，此时就可以手动进行调整。

利用手调色温在同一个地方拍了几张不同色彩的画面（焦距：100mm ┆ 光圈：F16 ┆ 快门速度：1/400s ┆ 感光度：ISO100）

操作步骤 佳能相机设置色温

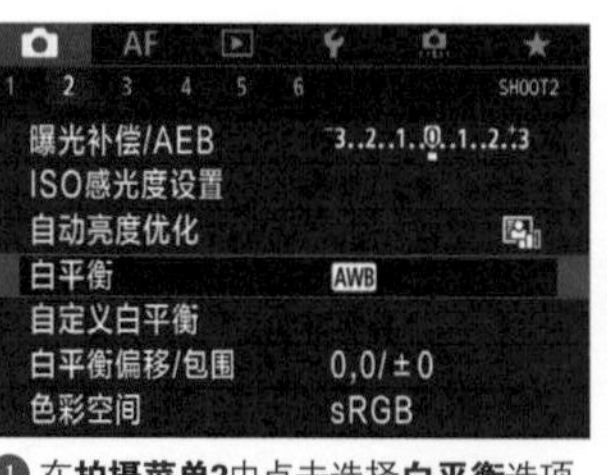

❶ 在**拍摄菜单2**中点击选择**白平衡**选项

❷ 点击选择**色温**选项，然后点击◀、▶图标选择色温值，选择完成后点击SET OK图标确认

操作步骤 索尼相机设置色温

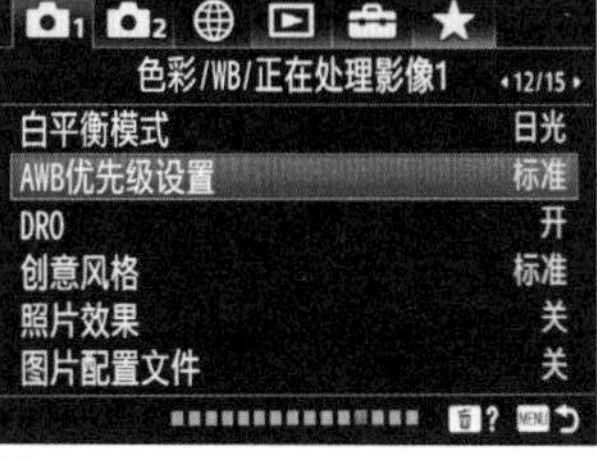

❶ 在**拍摄设置 1 菜单**的第 12 页中选择**AWB 优先级设置**选项

❷ 按▼或▲方向键选择所需的白平衡模式，然后按控制拨轮中央按钮确定

包围曝光——拍摄光线复杂的场景

包围曝光是指通过设置一定的曝光变化范围，然后分别拍摄曝光不足、曝光正常与曝光过度3张照片的拍摄技法。例如，将其设置为±1EV时，即代表分别拍摄减少1挡曝光、正常曝光和增加1挡曝光的照片，从而兼顾画面的高光、中间调及暗部区域的细节。佳能相机支持在±2EV之间以1/3EV为单位调节包围曝光，此功能在索尼相机中被称为阶段曝光，支持选择3张、5张和9张拍摄，在尼康相机中被称为包围曝光，支持在±3EV之间以1/3EV为单位调节包围曝光。

什么情况下应该使用包围曝光

如果拍摄现场的光线很难把握，或者拍摄的时间很短暂，为了避免曝光不准确而失去这次难得的拍摄机会，可以使用包围曝光功能来确保万无一失。此时可以设置包围曝光，使相机针对同一场景连续拍摄出3 张曝光量略有差异的照片。每一张照片曝光量具体相差多少，可由摄影师自己确定。在具体拍摄过程中，摄影师无须调整曝光量，相机将根据设置自动在第一张照片的基础上增加、减少一定的曝光量拍摄出另外两张照片。

按此方法拍摄出来的三张照片中，总会有一张是曝光相对准确的照片，因此使用包围曝光能够提高拍摄的成功率。

自动包围曝光设置

默认情况下，使用包围曝光可以（按3次快门或使用连拍功能）拍摄3张照片，得到增加曝光量、正常曝光量和减少曝光量3种不同曝光结果的照片。

操作步骤 佳能相机设置自动包围

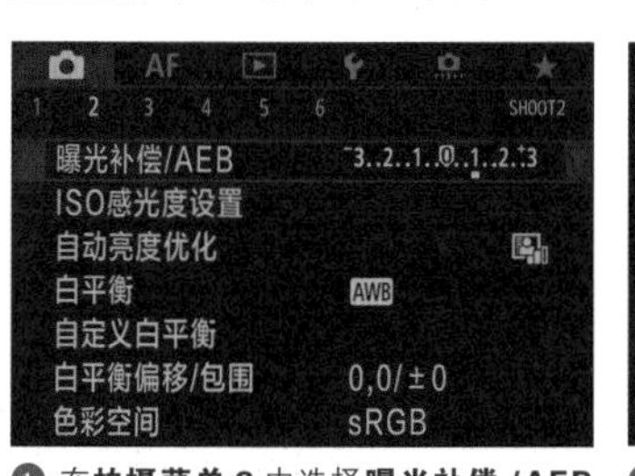

❶ 在**拍摄菜单2**中选择**曝光补偿/AEB**选项

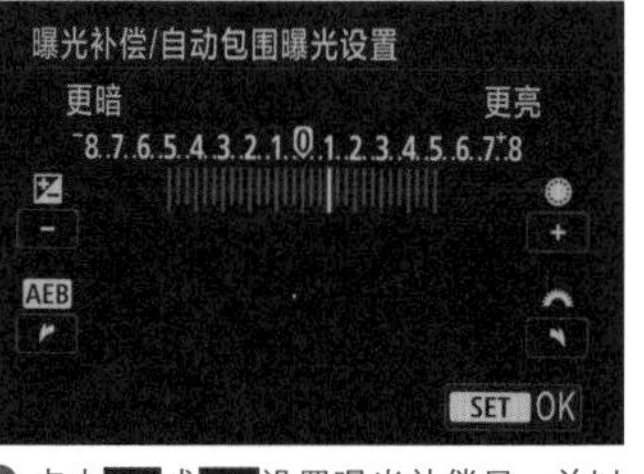

❷ 点击[-]或[+]设置曝光补偿量，并以当前设定的曝光补偿量为基础设置包围曝光的曝光量

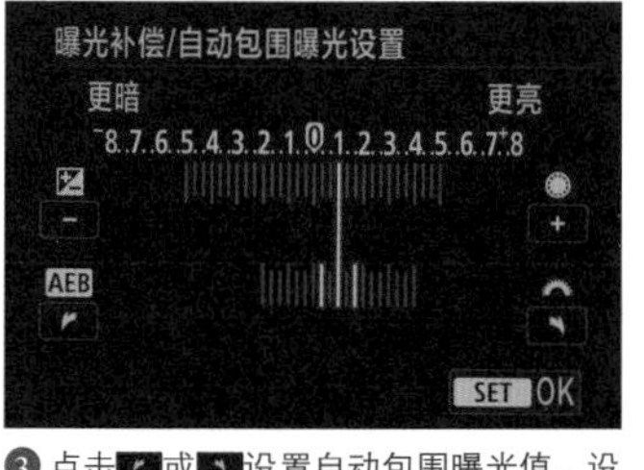

❸ 点击[◢]或[◣]设置自动包围曝光值，设置完成后，然后点击[SET OK]图标确定

操作步骤 索尼相机设置阶段曝光

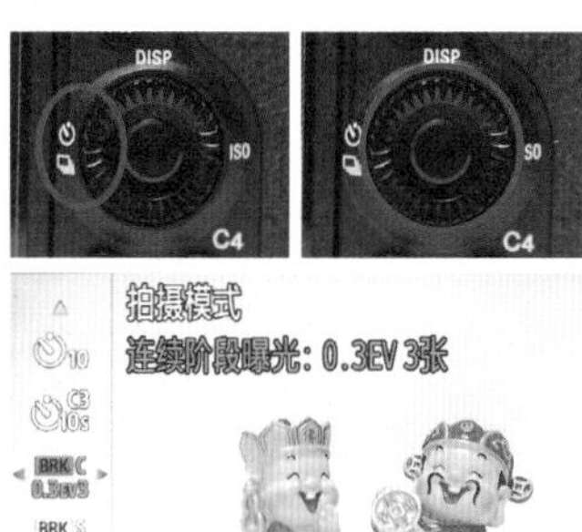

按控制拨轮上的拍摄模式按钮⏲/▭，然后按▲或▼方向键选择连续阶段曝光BRK C或单拍阶段曝光BRK S模式，再按◀或▶方向键选择所需级数和张数

第5章 05 认识相机的搭档——镜头与附件

了解不同焦段镜头的特点

广角镜头的特点

广角镜头的焦距段为 10 ~ 35mm，其特点是视角广、景深大和透视效果好，不过成像容易变形，其中焦距为 10 ~ 24mm 的镜头由于焦距更短、视角更广，被称为超广角镜头。在拍摄风光、建筑等大场面的景物时，可以很好地表现景物雄伟壮观的气势。

佳能广角定焦镜头推荐		佳能广角变焦镜头推荐	
佳能EF 14mm F2.8L II USM	佳能EF 24mm F1.4L II USM	佳能 EF 16-35mm F2.8L III USM	佳能EF 17-40mm F4 L USM
参考售价：13500元	参考售价：10000元	参考售价：13200元	参考售价：3900元

尼康广角定焦镜头推荐		尼康广角变焦镜头推荐	
AF-S尼克尔20mm F1.8G ED	AF-S尼克尔28mm F1.8G	AF-S 尼克尔14-24mm F2.8 G ED	AF-S尼克尔16-35mm F4G ED VR
参考售价：5000元	参考售价：4300元	参考售价：10000元	参考售价：7500元

广角镜头很适合用来拍摄视野广阔的场景，尤其是再配合构图和小光圈，拍摄出来的画面会很有气势（焦距：20mm ┆ 光圈：F14 ┆ 快门速度：1/2s ┆ 感光度：ISO200）

中焦镜头的特点

一般来说，35~135mm 焦段都可以称为中焦，其中 50mm、85mm 镜头都是常用的中焦镜头。中焦镜头的特点是镜头的畸变相对较小，能够较真实地还原拍摄对象，因此在拍摄人像、静物等题材时应用非常广泛。

佳能中焦定焦镜头推荐		佳能中焦变焦镜头推荐	
佳能EF 50mm F1.2 L USM	佳能EF 85mm F1.2L II USM	佳能EF 24-70mm F2.8 L II USM	佳能EF 24-105mm F4L IS USM
参考售价：9000元	参考售价：12500元	参考售价：11900元	参考售价：5600元

尼康中焦定焦镜头推荐		尼康中焦变焦镜头推荐	
AF-S 尼克尔 50mm F1.4 G	AF-S尼克尔85mm F1.4G	AF-S尼克尔24-70mm F2.8E ED VR	AF-S 尼克尔 24-120mm F4 G ED VR
参考售价：2699元	参考售价：10500元	参考售价：14800元	参考售价：4600元

利用中焦镜头拍摄的人像，大光圈的运用使背景形成好看的虚化效果，突出画面中的模特（焦距：50mm ┆ 光圈：F2.8 ┆ 快门速度：1/80s ┆ 感光度：ISO200）

长焦镜头的特点

长焦镜头又称“远摄镜头”，具有“望远”的功能，能拍摄距离较远、体积较小的景物，通常拍摄野生动物或容易被惊扰的对象时会用到长焦镜头。长焦镜头的焦距通常在135mm以上，一般有135mm、180mm、200mm、300mm、400mm、500mm等几种，而焦距在300mm以上的镜头称为“超长焦镜头”。长焦镜头具有视角窄、景深小、空间压缩感较强等特点。

佳能长焦定焦镜头推荐		佳能长焦变焦镜头推荐	
佳能EF 200mm F2 L IS USM	佳能EF 400mm F2.8L IS USM	佳能EF 70-200mm F2.8L II IS USM	佳能EF 100-400mm F4.5-5.6 L IS USM
参考售价：37900元	参考售价：64700元	参考售价：13299元	参考售价：13299元

尼康长焦定焦镜头推荐		尼康长焦变焦镜头推荐	
AF-S尼克尔300mm F4E PF ED VR	AF-S 80-400mm F4.5-5.6G ED VR	AF-S 尼克尔 70-200mm F2.8E FL ED VR	AF-S尼克尔200-500mm F5.6E ED VR
参考售价：11600元	参考售价：13799元	参考售价：13800元	参考售价：7299元

摄影师通过长焦镜头对背景进行虚化处理，使鸟儿在杂乱的环境中脱颖而出（焦距：250mm 光圈：F6.3 快门速度：1/640s 感光度：ISO500）

微距镜头的特点

微距镜头主要用于近距离拍摄物体，它具有 1 ∶ 1 的放大倍率，即成像与物体实际大小相等。微距镜头被广泛地用于拍摄花卉和昆虫等体积较小的拍摄对象，另外也经常被用于翻拍旧照片。微距镜头的成像质量通常都比较高，在摄影行业素有“微距无弱旅”的说法，就是指微距镜头的质量通常都比较高。

佳能微距镜头推荐		尼康微距镜头推荐	
佳能EF 100mm F2.8 L IS USM	佳能EF 180mm F3.5 L USM	AF-S VR微距尼克尔105mm F2.8G IF-ED	AF-S 微距 尼克尔 40mm f/2.8G
参考售价：5499元	参考售价：8999元	参考售价：5666元	参考售价：1799元

微距镜头能够拍摄出精细的画面，并得到很好的成像质量（焦距：105mm　光圈：F7.1　快门速度：1/1000s　感光度：ISO320）

了解定焦镜头与变焦镜头

什么是定焦镜头

定焦镜头的焦距不可调节，它拥有光学结构简单、最大光圈很大、成像质量优异等特点，在相同焦段的情况下，定焦镜头往往可以和价值数万元的专业镜头相媲美。其缺点是由于焦距不可调节，机动性较差，在拍摄时，要重新构图、改变景别，必须手持相机四处走动，正如摄友所说——“构图，基本靠走”。

↑AF-S 尼克尔 50mm F1.4 G 定焦镜头

定焦镜头有着极其优异的成像质量（焦距：85mm 光圈：F3.5 快门速度：1/500s 感光度：ISO100）

变焦镜头

变焦镜头的焦段非常广，根据主要的焦段范围可将其分为广角镜头、中焦镜头及长焦镜头等类型，这种便利性使它深受广大摄影爱好者的欢迎。不过由于变焦镜头的光学结构复杂、镜片片数较多，使得它的生产成本很高。

↑AF-S 尼克尔 70-200mm F2.8 G ED VR Ⅱ 变焦镜头

使用变焦镜头拍摄时，即使摄影师原地不动，也能够通过改变镜头焦距，改变照片的景别，因此，“一镜走天下”类的镜头全部是变焦镜头。

了解定焦镜头与变焦镜头的优劣

如果用一句话来说明定焦与变焦的区别，那就是“定焦取景基本靠走，变焦取景基本靠扭”。

下面通过表格来了解一下两者之间的区别。

定焦镜头	变焦镜头
佳能EF 85mm F1.2L II USM	EF-S 15-85mm F3.5-5.6 IS USM
恒定大光圈	浮动光圈居多，少数为恒定大光圈
最大光圈可以达到F1.8、F1.4、F1.2	只有少数镜头的最大光圈能够达到F2.8
焦距不可调节，改变景别靠走	可以调节焦距，改变景别不用走
成像质量优异	大部分镜头成像不如定焦镜头
除了少数超大光圈镜头，其他定焦镜头的售价低于恒定光圈的变焦镜头	生产成本较高，使得恒定光圈的变焦镜头售价架较高

在这组照片中，摄影师只需站在合适的位置，就可利用变焦镜头拍摄出不同景别的人像作品

摄影中必不可少的滤镜

UV 镜和保护镜

UV 镜又称紫外线滤光镜，购买 UV 镜的主要目的就是保护镜头，因为镜头的价格较贵，如果前组镜片镀膜损坏了，就会降低镜头的使用价值。

需要注意的是，UV 镜会对进入镜头的光线产生影响，进而影响画面的成像质量。不同质量的 UV 镜会产生不同程度的影响：质量偏低的 UV 镜会阻挡一部分可见光，并且会产生多余的内反射，降低镜头的抗光晕能力；而高品质的 UV 镜对于画面成像质量的影响几乎可以忽略。

如前所述，在数码摄影时代 UV 镜的作用主要是保护镜头，开发这种 UV 镜的目的是兼顾数码相机与胶片相机。但考虑到胶片相机逐步退出了主流民用摄影市场，各大滤镜厂商在开发 UV 镜时已经不再考虑胶片相机，因此由这种 UV 镜演变出了专门用于保持镜头的一种滤镜——保护镜，这种滤镜的功能只有一个，就是保护价格昂贵的镜头。与 UV 镜一样，口径越大的保护镜价格越高，通光性越好的保护镜价格越高。

不同口径的肯高保护镜

在镜头前安装 UV 镜通常不会影响画面效果（焦距：35mm ¦ 光圈：F18 ¦ 快门速度：1/50s ¦ 感光度：ISO100）

偏振镜

如果希望拍摄到画面具有浓郁的色彩、清澈见底的水面、透过玻璃拍好里面的物品等，一个好的偏振镜是必不可少的。

偏振镜又称偏光镜或 PL 镜，主要用于消除或减少物体表面的反光，可分为线偏和圆偏两种，数码相机应选择有“CPL”标志的圆偏振镜，因为在数码单反相机上使用线偏振镜容易影响测光和对焦。

肯高 67mm C-PL（W）偏振镜

在使用偏振镜时，可以旋转其调节环以选择不同的强度，在取景器中可以看到一些色彩上的变化。同时需要注意的是，使用偏振镜后会阻碍光线的进入，大约相当于 2 挡光圈的进光量，故在使用偏振镜时，需要降低为原来 1/4 的快门速度，这样才能拍出与未使用时相同曝光量的照片。

提示

一些摄影师习惯横向端相机取景，有时可能在调整偏振镜后，改为竖直方向拍摄，此时需要注意的是偏振镜的角度也随着相机方向的变化而改变了90°，刚好是最没有效果的位置，此时就应该再次调整偏振镜的方向。

有很多镜头在对焦的时候，会带动镜头前面的滤镜一起旋转，因此，建议在对焦锁定后，再旋转偏振镜，调整至满意的效果。

使用偏振镜压暗蓝天

晴朗蓝天中的散射光是偏振光，利用偏振镜可以减少偏振光，使蓝天变得更蓝、更暗。加装偏振镜后所拍摄的蓝天，比使用蓝色渐变镜拍摄的蓝天要更加真实，因为使用偏振镜拍摄，既压暗了天空，又不会影响其余景物的色彩还原。

利用偏振镜消除天空中的偏振光，得到的画面中蓝天更湛蓝（焦距：18mm ┆ 光圈：F8 ┆ 快门速度：1/1000s ┆ 感光度：ISO200）

使用偏振镜抑制非金属表面反光

使用偏振镜进行拍摄的另一个好处就是可以抑制被摄体表面的反光。在拍摄水面、玻璃表面时，经常会遇到反光，使用偏振镜则可以削弱水面、玻璃及其他非金属物体表面的反光。

拍摄池塘里的鱼儿时，为避免偏振光破坏画面效果，可在镜头前安装偏振镜来消除水面的偏振光，以得到清晰的画面效果（焦距：90mm ┆ 光圈：F10 ┆ 快门速度：1/500s ┆ 感光度：ISO100）

使用偏振镜提高色彩饱和度

如果拍摄环境的光线比较杂乱，会对景物的颜色还原有很大的影响。环境光和天空光在物体上形成反光，会使景物颜色看起来并不鲜艳。使用偏振镜进行拍摄，可以消除杂光中的偏振光，减少杂散光对物体颜色还原的影响，从而提高物体的色彩饱和度，使景物颜色显得鲜艳。

在拍摄花卉时，使用偏振镜消除花瓣上的反光，使得花卉的颜色更加纯净，饱和度得到了提高（焦距：50mm ┆ 光圈：F1.8 ┆ 快门速度：1/500s ┆ 感光度：ISO100）

中灰镜

中灰滤镜的作用是减少进光量。例如，在光线充足的情况下拍摄流水，如果想要获得水流线条般的雾状效果，就必须使用长时间曝光进行拍摄。这时，中灰滤镜可以有效减少镜头的进光量，以得到更慢的快门速度，达到长时间曝光的效果。中灰滤镜也分不同的级数，常见的是 ND 2、ND 4 和 ND 8 三种，简单来说，它们分别代表了可以降低 1 挡、2 挡和 3 挡的快门速度。假设光圈为 F16 ，对正常光线下的瀑布测光（光圈优先模式）后，得到的快门速度为 1/16s，此时如果需要以 1/4s 的快门速度进行拍摄，就可以安装 ND4 型号的中灰镜来达到目的。

肯高 ND4 中灰镜 (77mm)

使用中灰镜在强光下降低快门速度

在强光下进行拍摄，如果使用最小光圈与最短曝光时间、最低感光度组合还不能得到正确的曝光，可以考虑使用中灰镜来减少进光量，获得曝光准确的画面。

在使用低速快门拍摄水流时，即使设置为小的光圈和低感光度，也有可能会曝光过度，此时就可以使用中灰镜来减少进光量，从而可以进行较长时间的曝光（焦距：18mm ┆ 光圈：F22 ┆ 快门速度：1s ┆ 感光度：ISO100）

中灰渐变镜

摄影爱好者在拍摄日出日落风光照片时，会发现同时保留天空与地面的细节是一件非常困难的事情，最后拍摄出来的画面或者天空曝光正常而地面景物呈剪影效果，或者地面曝光正常而天空曝光过度的效果，总是不如眼睛所看到的那样理想。中灰渐变镜便是专门为解决这一难题诞生的。

相机安装了方形中灰渐变镜效果图

渐变镜是一种一半透光、一半阻光的滤镜，分为圆形和方形两种，其中圆形渐变镜是安装在镜头上，使用起来比较方便，但由于渐变是不可调节的，因此只能拍摄天空约占画面 50% 时的照片。使用方形渐变镜时，需要买一个支架装在镜头前面才可以把滤镜装上，其优点就是可以根据构图的需要调整渐变的位置。在色彩上也有很多选择，如蓝色、茶色等。在所有的渐变镜中，最常用的应该是中灰渐变镜。中灰渐变镜是一种中性灰色的渐变镜。

拍摄时只要通过调整中灰渐变镜的位置，将深色端覆盖住天空，就可以保证被无色端覆盖的地面图像曝光正常。

深色一端覆盖在天空位置，无色一端覆盖在地面或水面的位置

使用渐变镜后，天空与水面、礁石曝光合适

在阴天使用中灰渐变镜改善天空影调

中灰渐变镜几乎是在阴天拍摄时唯一能够有效改善天空影调的滤镜。在阴天条件下，虽然乌云密布显得很有层次，但是天空的亮度远远高于地面，所以，拍摄出的画面中天空会显得没有层次感，使用中灰渐变镜将天空压暗，云的层次就会得到很好的表现。

利用方形渐变镜减少天空区域的曝光，从而拍摄到天空区域曝光正常的画面（焦距：10mm ┆ 光圈：F10 ┆ 快门速度：1/40s ┆ 感光度：ISO200）

使用中灰渐变镜降低明暗反差

在拍摄日出或日落等场景时，天空与地面的亮度反差会非常大，由于数码单反相机的感光元件对明暗反差的兼容性有限，因此无法兼顾天空与地面的细节。

换句话说，如果要表现天空的细节，对天空中较亮的区域测光并进行曝光，则地面就会因欠曝而失去细节；如果要表现地面的细节，根据地面景物的亮度进行测光并进行曝光，则天空就会成为一片空白而失去所有细节。要解决这个问题，最好的方法就是用中灰渐变镜来平衡天空与地面的亮度。

拍摄时将中灰渐变镜上较暗的一侧安排在画面中天空的部分，由于深色端有较强的阻光效果，因此可以减少进入相机的光线，从而保证在相同的曝光时间内，画面上较亮的区域进光量少，与较暗的区域在总体曝光量上趋于相同，使天空上云彩的层次更丰富。

在天空与地面明暗差异较大的情况下拍摄时，为了减少天空部位的进光量，使用了中灰渐变镜，得到天空与地面曝光都合适的画面（焦距：20mm ┆ 光圈：F10 ┆ 快门速度：1/100s ┆ 感光度：ISO200）

闪光灯——人造光线第一选择

闪光灯可以在光线较暗的情况下帮助拍摄者顺利完成拍摄任务。一般数码单反相机都配备了内置闪光灯，但是其闪光指数通常很小，闪光功能单一，只能在距离近、光线比较简单的场合使用，很难满足光线较复杂情况下的拍摄要求，所以，专业摄影师通常会配备独立的外置闪光灯。

↑ 内置闪光灯开启状态示例

专业的外置闪光灯闪光指数很大，回电速度快，还可以调整闪光的角度。此外，外置闪光灯不会消耗相机机身内的电池电量，不影响相机电池的使用时间。即使在光线充足的室外，当光比很大时，闪光灯也常被拿来补光用。

↑ 安装上外置闪光灯后示例

↑ 闪光灯的补光效果很明显，人物的肌肤与形体都得到了很好的表现（焦距：135mm ¦ 光圈：F3.2 ¦ 快门速度：1/250s ¦ 感光度：ISO100）

存储卡——数据安全的守护神

存储卡的评价参数主要是容量、存储速度和安全性能，一般容量越大，存储速度越快，安全性越好，价格也就越高。

读卡器的作用就是把存储卡上的照片导入到计算机中，虽然数码相机都配有 USB 数据线，可直接通过数据线导入计算机，但这样导入极不方便，有时还会损坏相机的 USB 接口，所以建议最好购买一款读卡器。

全面认识不同类型的 SD 存储卡

容量与存储速度是评判 SD 卡的两个重要指标，判断 SD 卡的容量很简单，只需要看一下存储卡上标注的数值即可。要了解存储卡的存储速度，首先要知道评定 SD 卡存储速度的 3 种方法。

第一种方法是使用 Class 评级。大部分 SD 卡可以分为 Class2、Class4、Class6 和 Class10 等级别，Class2 表示传输速度为 2MB/s，而 Class10 则表示传输速度为 10MB/s。

第二种方法是按 UHS（超高速）评级，分 UHS- Ⅰ、UHS- Ⅱ两个级别。

第三种方法是用“x”评级。每个“x”相当于 150KB/s 的传输速度，所以一个 133x 的 SD 卡的传输速度可以达到 19950KB/s。

SDHC 型 SD 卡

SDHC 是 Secure Digital High Capacity 的缩写，即高容量 SD 卡。SDHC 型存储卡最大的特点就是高容量（2 ~ 32GB）。另外，SDHC 采用的是 FAT32 文件系统，其传输速度分为 Class2（2MB/s）、Class4（4MB/s）、Class6（6MB/s）等级别。

存储卡上的 I 与 U1 标识是什么意思

存储卡上的 I 标志表示此存储卡支持超高速（Ultra High Speed，UHS）接口，写入速度最高可以达到 50MB/s，读取速度最高可以达到 104MB/s，因此，如果计算机的 USB 接口为 USB 3.0，在不考虑本地硬盘写入速度的情况下，存储卡中 1GB 的照片只需要 10 秒左右就可以传输到计算机中。如果存储卡还能够满足实时存储高清视频的标准，即可标记为 U1，即满足 UHS Speed Class 1 标准。

SDXC 型 SD 卡

SDXC 是 SD Extended Capacity 的缩写，即超大容量 SD 存储卡，理论容量可达 2TB。此外，其数据传输速度也很快，最大理论传输速度能达到 300MB/s。但目前许多数码相机及读卡器并不支持此类型的存储卡，因此在购买前要确定当前所使用的相机与读卡器是否支持此类型的存储卡。

↑ 具有不同标志的 SDXC 及 SDHC 存储卡

脚架——确保照片清晰的要件

在拍摄微距、长时间曝光题材或用长焦镜头拍摄动物时，脚架是必备的摄影配件之一，使用它可以让相机变得更稳定，即使在长时间曝光的情况下，也能够拍摄到清晰的照片。

市场上的脚架类型非常多，按材质可以分为高强塑料材质、合金材料、钢铁材料、碳素纤维等几种，其中以铝合金及碳素纤维材质的脚架最为常见。

对比项目		说　明
铝合金	碳素纤维	铝合金脚架的价格较便宜，但较重，不便于携带；碳素纤维脚架的档次要比铝合金脚架高，便携性、抗震性、稳定性都很好，在经济条件允许的情况下，是非常理想的选择，它的缺点是价格较高
三脚	独脚	三脚架用于稳定相机，甚至在配合快门线、遥控器的情况下，可实现完全脱机拍摄；而独脚架的稳定性能要弱于三脚架，主要是起支撑作用，在使用时需要摄影师来控制独脚架的稳定性，由于其体积和重量都只有三脚架的1/3，无论是旅行还是日常拍摄携带都十分方便
三节	四节	通常情况下，四节脚架要比三节脚架高一些，但由于第四节往往是最细的，因此在稳定性上略差一些。追求稳定性和操作简便的摄影师可选3节脚管的三脚架，而更在意携带方便性的摄影师应该选择4节脚管的三脚架
三维云台	球形云台	云台包括三维云台和球形云台两类。三维云台的承重能力强、构图十分精准，缺点是占用的空间较大，在携带时稍显不便；球形云台体积较小，只要旋转按钮，就可以让相机迅速转移到所需要的角度，操作起来十分便利

快门线和遥控器——单人自拍的神器

在进行长时间曝光时，为了避免手指直接接触相机而产生震动，要经常用到快门线。

在使用快门线进行长时间曝光拍摄时，建议使用反光板预升功能。因为当按动快门时，反光板抬起的瞬间也会产生震动，这样做可以将震动降到最低，得到较好的画质。遥控器的作用与快门线相同，使用方法类似于常见的电视机或者空调遥控器，只需按下遥控器上的按钮，快门就会自动启动。

当使用佳能或尼康单反相机利用快门线或者遥控器拍摄时，启用“反光镜预升”功能可以减轻机震对成像质量的影响。开启“反光镜预升”功能后，第一次按下快门时反光镜将被升起，当第二次按下快门时即可拍摄照片，拍摄后反光镜则回到原处。如果不将反光镜预先升起，在按下快门后，反光镜升起的震动将会使照片出现轻微的模糊。在反光镜升起30秒后，若没有进行任何操作，则反光镜将自动落回原位。再次完全按下快门按钮，反光镜会再次升起。

佳能遥控器示意图

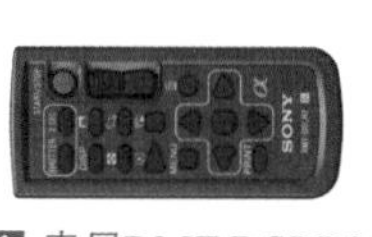

索尼RMT-DSLR2的遥控器

尼康 ML-3 遥控器

使用快门线拍摄夜景，可以避免手触相机产生的晃动，从而获得不错的画面质量（焦距：24mm ┆ 光圈：F18 ┆ 快门速度：25s ┆ 感光度：ISO800）

操作步骤 **佳能相机设置反光镜预升**

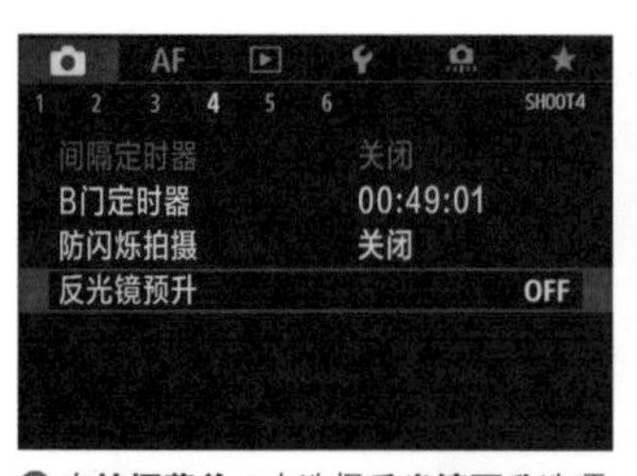

❶ 在**拍摄菜单4**中选择**反光镜预升**选项

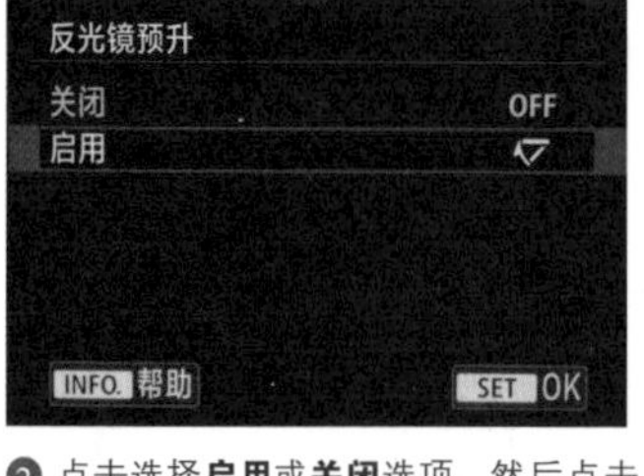

❷ 点击选择**启用**或**关闭**选项，然后点击SET OK图标确定

操作步骤 **尼康相机设置反光板弹起释放模式**

按下释放模式拨盘锁定解除按钮，并同时转动释放模式拨盘使MUP图标对准白色标志线处，即为反光板弹起释放模式

提示

“反光镜预升”是佳能相机中的名称，此功能在尼康相机中为反光板弹起释放模式，索尼微单相机没有反光板，因此不需要这个功能。

第6章
06

完美用光与构图攻略

光线的性质

直射光、硬光

当光线没有经过任何遮挡直接照射到被摄体上时，被摄体受光的一面会产生明亮的影调，而不直接受光的一面就会产生明显的阴影，这种光线就是直射光。

直射光照射下的对象会产生明显的亮面、暗面与投影，所以会表现出强烈的明暗对比，有利于突出拍摄对象清晰的轮廓形态，是表现拍摄对象立体感的有效光线。在直射光下进行拍摄，通常会采用反光板为暗部补光，这样拍出来的照片的画面效果会更加自然。

当直射光从侧面照射被摄对象时，有利于表现被摄体的结构和质感，因此也是建筑摄影、风光摄影的常用光线之一。

在直射光照射下，建筑物的受光区域与阴影区域形成强烈的对比，突出了其特色的造型结构（焦距：20mm ┆ 光圈：F9 ┆ 快门速度：1/500s ┆ 感光度：ISO100）

散射光、软光

散射光是指没有明确照射方向的光，如阴天、雾天时的天空光，或者添加柔光罩的灯光，水面、墙面、地面反射的光线也是典型的散射光。散射光的特点是照射均匀，被摄体明暗反差小，影调平淡柔和，能较为理想地呈现出细腻且丰富的质感和层次。与此同时，也会带来被摄对象体积感不足的负面影响。

根据散射光的特点，在人像拍摄中常用它来表现女性柔和、温婉的气质和娇嫩的皮肤质感。

由于散射光下不会产生厚重的阴影，因此很适合表现女孩子，明亮、柔和的画面和女孩清新、文雅的气质很相符（焦距：135mm ┆ 光圈：F3.2 ┆ 快门速度：1/400s ┆ 感光度：ISO100）

理解光位

顺光

顺光也称“正面光”，是指光线的投射方向和拍摄方向相同的光线。在这样的光线下，被摄体受光均匀，景物没有大面积的阴影，色彩饱和，能表现丰富的色彩效果。但由于没有明显的明暗反差，所以对于层次和立体感的表现较差。

顺光掌握起来非常容易，因此风光摄影初学者多数喜欢在顺光下拍摄。而在顺光照射下的人物受光均匀，画面柔和自然，充满了真实感。为了弥补顺光立体感、空间感不足的缺点，拍摄时要尽可能通过构图，使画面中的明暗相搭配，例如，以深暗的主体景物配明亮的背景、前景，或反之。也可以运用不同景深对画面进行虚实处理，使主体景物在画面中更加突出。

顺光照射下可以看出模特脸上没有阴影，皮肤很白皙、细腻，画面看起来很明亮、清新（焦距：200mm ┆ 光圈：F2.8 ┆ 快门速度：1/640s ┆ 感光度：ISO200）

侧光

当光线投射方向与相机拍摄方向呈 90° 角时，这种光线即为“侧光”。侧光照射下，景物受光的一面在画面上构成明亮部分，不受光的一面形成阴影，在画面上，由于景物有明显的明暗对比，因此有了层次感和立体感，这种光线是风光摄影中运用较多的一种光线。

当景物处在侧光照射条件下时，景物轮廓鲜明，纹理清晰，黑白对比明显，色彩鲜艳，立体感强，前后景物的空间感也比较强，因此用这种光线进行拍摄，最容易拍出好的效果。

画面采用侧光拍摄，突出了人物的线条美感，营造出一种稳重、另类的视觉效果（焦距：50mm ┆ 光圈：F5.6 ┆ 快门速度：1/500s ┆ 感光度：ISO100）

前侧光

投射的方向与镜头光轴的方向呈水平 45° 左右角的光线称为前侧光。相对于纯粹的侧光，采用前侧光拍摄，能够使被摄体形成明显的主体感，且影调丰富，色调明快。因此，前侧光是一种比较富于表现力，也比较常用的光位。如果采用前侧光拍摄人物，一般多采用高位前侧光。高位前侧光在人物摄影中又被称为“三角光”，即在被摄人物的脸部形成倒三角形的光区，此外前侧光在静物、建筑等题材中的使用也较为广泛。

摄影师采用前侧光的角度拍摄的云雾雪山，由于雪山大面积处于受光面，因此画面显得很明亮，而小部分的背光面则增添了画面的层次感（焦距：300mm ┆ 光圈：F22 ┆ 快门速度：1/320s ┆ 感光度：ISO100）

逆光

逆光是指光线从拍摄对象的正后方投射，与拍摄方向相对的光线。因为能勾勒出被摄物体的亮度轮廓，所以逆光又被称为轮廓光。用逆光拍摄景物时，被摄主体会因为曝光不足而失去细节，但轮廓线条却会被十分清晰地表现出来，从而产生漂亮的“剪影”效果。如果给主体补光，就能使被摄物与背后的光反差不那么强烈，形成半剪影的效果，并可以捕捉到影像的细节，使画面表现得更丰富，形式美感更强。

逆光把人物的轮廓更好地勾勒出来（焦距：85mm ┆ 光圈：F4 ┆ 快门速度：1/1000s ┆ 感光度：ISO100）

侧逆光

侧逆光又称后侧光，是指光源从被摄对象的后侧方投射而来的光线。采用侧逆光拍摄可以使被摄对象同时产生侧光和逆光的效果。如果画面中包含的对象比较多，靠近光源方向的对象轮廓就会比较明显，而背向光源方向的对象则会有较深的阴影，这样一来，画面中就会呈现出明显的明暗反差，产生较强的立体感和空间感，应用在人像摄影中能产生与背景分离的效果。

侧逆光是山景摄影中常用的光线之一，能很好地表现出山峦的轮廓线（焦距：200mm ┆ 光圈：F10 ┆ 快门速度：1/800s ┆ 感光度：ISO100）

掌握基本构图方式

横平竖要直

“横平竖要直”指的是水平线构图和垂直线构图。通常，水平线构图能够使画面向左、右方向产生视觉延伸感，增强画面的视觉张力，给人宽阔、安宁、稳定的感受，拍摄水平线构图时，为了避免水平线歪斜，可以开启电子水平仪或网格线功能。

水平线构图通常有 3 种画面形式，分别为高水平线构图、中间水平线构图和低水平线构图。通常根据要表现的景物来安排水平线在画面中的位置，表现天空部分时，可将水平线安排在画面的下 1/3 处，这样可以很好地表现天空的部分；同理，如果要表现地面部分，可将水平线安排在画面的上 1/3 处；如果将水平线置于画面中间位置，以均衡对称的画面形式表现开阔、宁静的感觉，此时地面与天空各占画面的一半。

↑ 通过移动相机将地平面的交界线置于画面下部，很好地表现了天空中变幻莫测的云彩，画面看起来非常壮观（焦距：30mm ┆ 光圈：F13 ┆ 快门速度：1/1000s ┆ 感光度：ISO200）

↑ 将水平线置于画面的中间部位，天空与大面积的云雾上下对等分割画面，加强了画面的稳定感（焦距：17mm ┆ 光圈：F10 ┆ 快门速度：15s ┆ 感光度：ISO100）

← 利用高水平线构图很好地表现了波光粼粼的水面，而几只惬意的鸭子打破了画面的平静，为夕阳景象增添了生机感（焦距：117mm ┆ 光圈：F16 ┆ 快门速度：1/1250s ┆ 感光度：ISO100）

垂直线构图与水平线构图类似，所以，能够使画面在上、下方向产生视觉延伸感，可以加强画面中垂直线条的力度和形式感，给人以高大、威严的视觉感受。拍摄树林时经常用到这种构图，通常可以截取树林的局部来获得简练的垂直线，使画面呈现出较强的形式美感。除了表现树林，在表现高楼林立时也可以用到垂直线构图。

画面中树木呈紧凑而富有节奏感的垂直形式进行排列，形成了具有形式感的画面，这样的构图方式还强调了树木向上的生长趋势（焦距：85mm ¦ 光圈：F16 ¦ 快门速度：1/400s ¦ 感光度：ISO100）

斜就斜到底

斜线构图能使画面产生动感，并沿着斜线的两端方向产生视觉延伸，加强了画面的纵深感。另外，斜线构图打破了与画面边框相平行的均衡形式，与其产生势差，从而使斜线部分在画面中被突出和强调。

拍摄时，摄影师可以根据实际情况，刻意将在视觉上需要被延伸或者被强调的拍摄对象处理成为画面中的斜线元素加以呈现。

斜线构图使画面获得了极强的视觉延伸感（焦距：200mm ¦ 光圈：F3.5 ¦ 快门速度：1/20s ¦ 感光度：ISO100）

重点就要吸引人

“重点”就是指画面的主体，当然就是画面重点要表现的对象，因此主体在画面中的位置也非常重要，如果位置不合适，不但画面看起来不舒服，也无法准确地表达主题。

在放置画面主体的构图技巧中，通常会使用到黄金分割法和三分法。

黄金分割法，就是指将主体置于画面的横竖三等分的位置，或者三等分线交叉产生的4个点位置，这个位置是画面的视觉兴趣点，比较容易引起观者的注意，而且可以避免长时间观看而产生视觉疲劳。例如，当被摄对象以线条的形式出现时，可将其置于画面三等分的任意一条分割线位置上；当被摄对象在画面中以点的形式出现时，则可将其置于三等分分割线的4个交叉点位置上。运用黄金分割法构图，不仅可避免画面的呆板无趣，而且会使其更具美感、更加生动。

将主体安排在黄金分割线上，结合虚化、简洁的背景，使主体更加突出（焦距：135mm ┆ 光圈：F5 ┆ 快门速度：1/200s ┆ 感光度：ISO100）

三分法构图是黄金分割法的一个简化版，它是用3×3的网格将画面进行分割的，而主体位于任意一条三分线上时，都可以得到很鲜明的表现，且给人以平衡、不呆板的视觉感受。

现在大多数单反相机都有取景器网格，利用它可以帮助摄影师很快地进行三分法构图。

三分法构图不仅使用方便，画面效果也很舒服（焦距：200mm ┆ 光圈：F4 ┆ 快门速度：1/400s ┆ 感光度：ISO100）

妙在画框中

框式构图是指利用被摄对象本身或者周围的环境，在画面中营造出框形的构图技巧。框式构图可以将观者的视线汇聚在框内的主体上。

很多精彩的框式构图都有一种浑然天成的感觉，既能够起到吸引观者的目的，又给人非常舒服的视觉感受。

拍摄的时候可以寻找纯天然的框，如门、窗等框形结构，树枝、阴影等也可以。框式构图不一定是封闭式的，也可以是开放的、不规则的。

框式构图不仅可以汇聚视线，还可以营造出很好的画面层次感。

拍摄建筑时，利用有特色的框作为前景，不仅可起到汇聚视线的作用，也很好地表现了建筑的异域风格（焦距：25mm ┆ 光圈：F18 ┆ 快门速度：1/400s ┆ 感光度：ISO200）

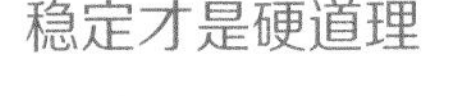

稳定才是硬道理

三角形构图通常会给人很稳定的感觉，这种构图大部分会用于拍摄山景或其他要表现稳定感的景物，在画面中可以是一个或者多个，也可以是正立、斜侧，或者是颠倒的三角形。

一提到三角形大家通常都会想到山的形象，所以，这种构图会给人一种稳定、雄伟的感觉，尤其是当三角形正立的时候，这种画面会给人很强烈的稳定感，如果是倾斜的或者是颠倒的，则会给人一种不稳定的感觉。

利用三角形构图来表现大山可突出其巍峨、稳定的气势（焦距：70mm ┆ 光圈：F16 ┆ 快门速度：1/250s ┆ 感光度：ISO100）

线条吸引眼球

自然界中，即使是简单的线条，通过合适的构图，也能营造出非常有视觉张力的画面效果，最常见的是以放射状形式来表现一组线条，广角拍摄的时候很容易获得这种效果，可尽量靠近对象拍摄，使其透视效果更加明显。

有一些物体的线条本身就具有放射线效果，在拍摄的时候可以夸大这种感觉，使画面具有视觉冲击力，如开屏的孔雀、芭蕉叶子的纹理、盛开的花朵等，此类都属于向心式放射线，也就是指主体在中心位置，四周的景物或元素向中心汇聚，这种放射线构图能够将观者的视线引向中心，同时还能产生向中心挤压的效果。还有一种放射线是离心式，这种放射线构图给人的感觉就是四周的景物或元素背离中心扩散开来，能够使观者对画面外部产生兴趣，同时画面具有舒展、分裂、扩散的感觉。

↑ 透视牵引构图所产生的透视效果使视线集中到路面的尽头处，增加了画面的空间感，而两边色彩绚烂的建筑则为画面增添了形式美感（焦距：18mm ┆ 光圈：F13 ┆ 快门速度：1/125s ┆ 感光度：ISO100）

两边拍一样

画面当中无论是左右还是上下，如果景象是相同的，这种构图就被称为对称式构图。所谓对称式构图，就是以一根线为轴，其两边的景象，在大小、形状、距离和排列等方面相互平衡、对等的一种构图形式。

有些拍摄对象本身就具备对称式结构，如鸟巢、国家大剧院。还有一种对称构图是被摄主体在水面或反光物体上形成倒影的对称，这样的画面给人一种协调、平静和秩序的感觉。

空就空大点

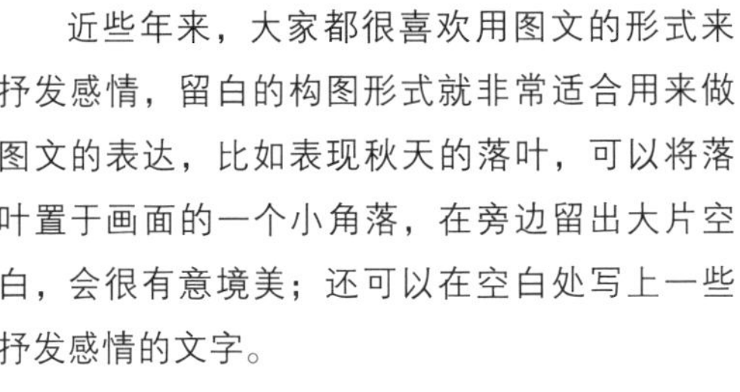

留白是指画面中有很大一部分是空白的，画面看上去简洁干净，也可以使观者对画面产生联想，进而有一种“画有尽，意无穷”的意境。

近些年来，大家都很喜欢用图文的形式来抒发感情，留白的构图形式就非常适合用来做图文的表达，比如表现秋天的落叶，可以将落叶置于画面的一个小角落，在旁边留出大片空白，会很有意境美；还可以在空白处写上一些抒发感情的文字。

大片的留白构图，让画面中的这棵树有种孤独的意境感（焦距：70mm ¦ 光圈：F5.6 ¦ 快门速度：1/250s ¦ 感光度：ISO200）

挤就挤满点

所谓“挤就挤满点”，其实就是我们常说的紧凑式构图。在这样的画面中，被摄对象通常会铺满整个画面，几乎没有留白的部分。

被摄者可以是单一的拍摄对象，充满画面即可；还有一种情况就是表现数量比较多的一种或多种物体，可以将整组或整片被摄对象充满整个画面，如水果、蔬菜、花朵、五谷杂粮、点心等。

这种构图手法与前面讲过的留白手法，在绘画中被称为“疏可走马，密不透风”。即在构图时要将画面构图运用到极致，“疏”的话，留白就要大，“密”的话，就一定要让画面有密不透风的感觉。

大大小小的玫瑰花挤满画面，画面有很强的美感（焦距：100mm ¦ 光圈：F8 ¦ 快门速度：1/400s ¦ 感光度：ISO100）

第7章 07 商业摄影实战

商品概述与拍摄思路

本节拍摄的商品是一款男士公文包。对于皮包类商品，买家比较关注商品的整体外观、材质和细节做工。因此，在拍摄时一方面要将包的整体外观及材质表现清楚，另一方面还要以特写的手法表现其各个局部的做工。

表现重点与手法

为了表现出皮包的材质，需要将其表面的细密纹路展现出来，因此使用可以产生较硬光质的标准罩进行打光。另外，皮包类商品各个面均需要进行表现，因此要以不同的角度进行拍摄。对于皮包的做工，则需要采用局部特写的拍摄方式进行表现。

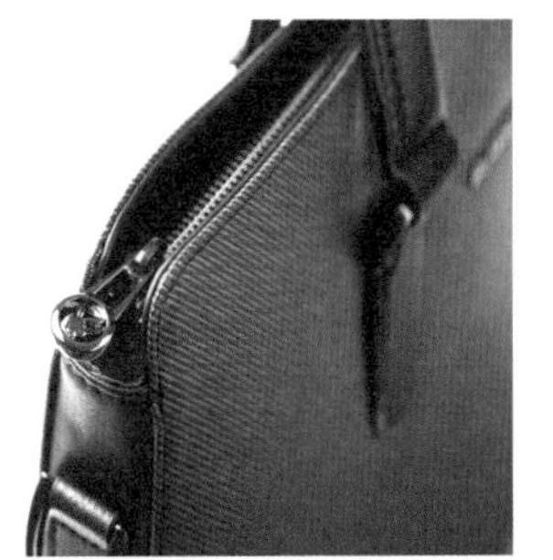

以全景的形式将公文包的整体外观及材质表现清楚，用特写的手法表现局部的细致做工

拍摄前的准备工作

（1）拍摄使用器材：尼康 D750 单反相机、尼康 105mm 微距镜头、3 盏影室灯、白色背景纸、鱼线、三脚架。

（2）使用器材说明：本章使用尼康 D750 单反相机进行拍摄；灯光均采用普通影室灯；镜头使用尼康 105mm 微距镜头；为了保证机位不会在试拍时发生变化，在拍摄时均使用三脚架固定相机。以上 4 点是本章实例教学部分的常规配置，在后文中将不再进行说明。白色背景纸用来营造白色背景；鱼线用来固定皮包手提袋的造型，使画面更美观。

（3）清洁：拍摄前将皮包上的灰尘用气吹吹掉，金属商标铭牌如果有污渍，请使用绒布进行擦拭，以免留下划痕。

大部分新皮包内部会有纸团将其撑起，如果没有，可以装两本书或者报纸、杂志等，以使皮包的形态更立体，方便拍摄。

确定拍摄角度和构图

皮包主图的拍摄要尽量多地展示每个面。这款皮包的顶是收紧的，所以主要展示正面和侧面。为了展示皮包的商务性，采用平视的角度拍摄。

另外，为了在主图中同时展现正面和侧面，稍微将皮包按顺时针方向旋转一定角度，使之在画面中可以同时被看到正面和侧面。皮包的肩带放在后侧，两边露出一部分即可。这样既对肩带作了说明，又不会影响图片美感。

要拍摄白背景商品展示照片，所以在构图上采用封闭式中心构图，以完整展现商品。因为皮包呈长方形，所以采用横画幅。商品的局部拍摄采用开放式构图，并根据要表现的局部，灵活运用横画幅或竖画幅。

确定灯位

确定好拍摄角度和构图后，就可以确定灯位了。首先通过影室灯 1 将皮包正面打亮，并利用标准罩的硬光展现其皮质表面的纹理。再通过影室灯 2 将皮包的商标打亮，同时减弱背景阴影，方便后期抠图。影室灯 3 则用来打亮皮包的右侧，令皮包右侧也得以很好地表现。

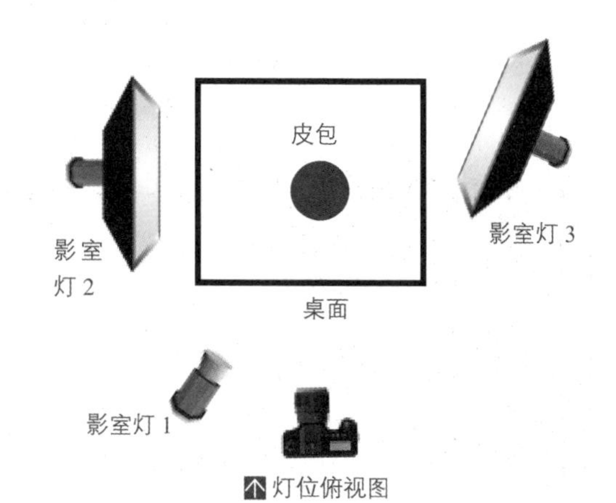

灯位俯视图

具体拍摄步骤

搭建拍摄台

由于这次拍摄的皮包比较大，而现有的静物台太小，导致无论怎样调整角度都会穿帮。所以，临时用桌子和白色的背景纸搭建了一个无缝拍摄台。

如果大家不想买静物台，也可以采用如下方法：将白色背景用晾衣架或者专门的背景架支撑起来，然后在背景架前面放一张桌子，将背景拉到桌子上。需要注意的是，背景和桌子之间要有一个弧度，正因为有这个弧度，才称为“无缝”背景。

确定皮包的位置

按照我们所预想的，将皮包以前侧角度摆在静物台上，使皮包的正面和侧面同时呈现在画面中，并架好相机。这里需要处理一下手提袋和肩带的位置，因为肩带很宽，而且比较长，为了不影响画面美感，将它放在皮包的后面，在两侧稍微露出一部分作为展示即可。

手提袋则放在皮包的上方，模仿手提时的状态。为了固定手提袋，可以使用鱼线将手提袋吊起来，因此，在皮包的上方横向放置了一个较长的支架。

↑ 前侧角度摆放皮包，同时呈现其侧面和正面；合理放置肩带，用鱼线将手提袋吊起模仿手提状态

布置主灯打亮皮包整体结构并突出质感

为了突出皮包表面的纹路，主灯使用配有标准罩加蜂巢的影室灯，采用左侧45° 高位光。左侧45° 的光位可以将皮包的正面打亮，并且较硬的光质可以突出皮包表面的纹路。

采用高位光是为了让皮包表面有明暗渐变的效果，避免将商品拍平。同时主光下部用遮光板遮住一部分，强化皮包正面的明暗效果。

采用高位光使皮包表面产生明暗渐变的效果

布置辅助灯打亮皮包的商标并减少阴影

在左侧布置一个配有柔光箱的影室灯作为辅助灯，采用中高位光，目的是使皮包上的商标变亮，同时减弱画面中的阴影。

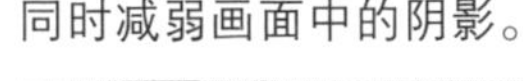

左侧布置辅助灯，中高位光使皮包的商标变亮，并减弱画面的阴影

布置第二个辅助灯为皮包侧面补光并减弱背部阴影

该构图同时展示了皮包的正面和侧面，而侧面还是漆黑一片，所以要为侧面补光。布置一盏配有柔光箱的影室灯在皮包的右侧，为侧面补光。为了让侧面和正面有明暗变化，特意将灯头向后侧转动一点，以减少侧面的受光，并减弱皮包背后的阴影。因为我们并没有使用可透光的静物台拍摄，所以，拍摄完成后需要后期进行抠图，如果能在拍摄时减弱阴影，则可以简化后期的抠图操作。

在右侧布置辅助灯，为侧面补光

拍到这里，我们想尝试使用反光板代替皮包左侧的影室灯，但是发现无论是用反光板还是镜子，都无法使皮包上的商标有足够的亮度，所以，最终还是放弃了使用反光板代替影室灯的想法。在尝试过程中的试拍效果如下图所示。这里分享试拍效果，是希望大家在拍摄中可以大胆尝试其他方法，尽量用数量较少的灯来获得想要的效果。虽然不是每次尝试都会成功，但在反复实践的过程中，我们的拍摄技法会得到极大的锻炼。

不成功的布光尝试，商标的亮度不够

细节图片拍摄

在主图拍摄完成后，还需要拍摄皮包的一些细节图片，以便将这款皮包的方方面面都展示出来。绝大多数情况下，细节图的用光不用很复杂，甚至使用单灯就可以解决。

下面首先拍摄一张皮包底面图，从而使商品3个面都有所表现。拍摄时，在左侧45°布置一盏侧光灯为底部提亮即可。

布置一盏左侧 45° 侧光灯，拍摄皮包底部

然后要对皮包的拉链进行特写拍摄。拉链在皮包类商品中也是很重要的一个细节。灯位不用变化，仍然使用左侧 45° 侧光拍摄。

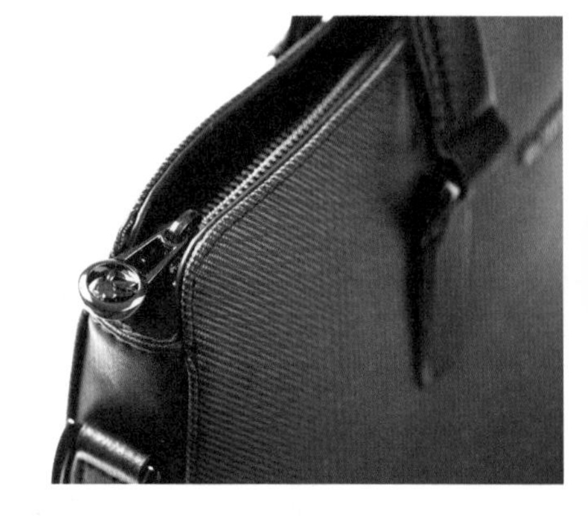

对皮包拉链进行特写拍摄

这款皮包除了顶部开口处有拉链外，侧面的暗袋也有拉链，所以也要对侧面的拉链进行拍摄。灯位使用右侧 45° 侧光。

使用右侧 45° 侧光灯拍摄侧面暗袋的拉链特写

设置相机拍摄参数

下面讲解拍摄时相机的相关拍摄参数的设置。

（1）曝光模式：在静物摄影中，通常使用手动挡。因为一切灯光、被拍摄对象，只要完成设置，就不再发生移动，所以，摄影师可以尝试任何曝光组合来达到自己想要的效果，而不用担心被摄体或者光线的变化。

将转盘旋转到 M 挡，即为手动模式

（2）景深：在确定曝光组合前，首先要确定景深。主图中需要清晰表现的范围在 15cm 左右；局部图对景深要求不高，统一按 10cm 景深计算。

（3）光圈：将光圈、物距（焦平面至清晰点的距离）及使用镜头的焦距数值输入到景深计算 APP 中，发现主图使用 F11 可满足要求，局部图采用 F18 的光圈可满足要求。

在“应用商店”中搜索“景深”，即可找到该景深 APP

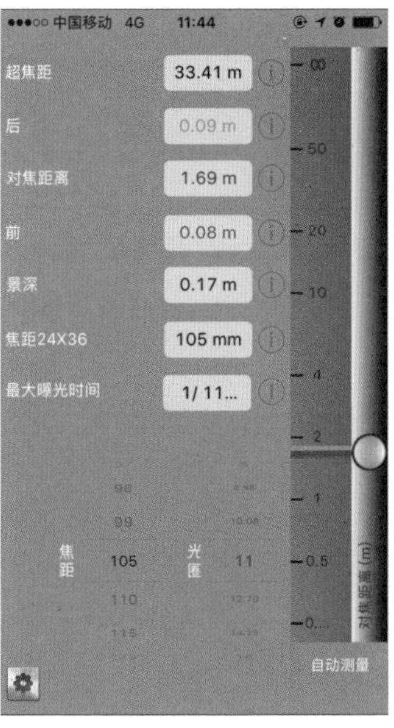

主图拍摄时对焦距离为 1.7m 左右，焦距为 105mm，拖动光圈数值，可以看到景深数值变化，发现当光圈为 F11 时，景深为 17cm，满足要求

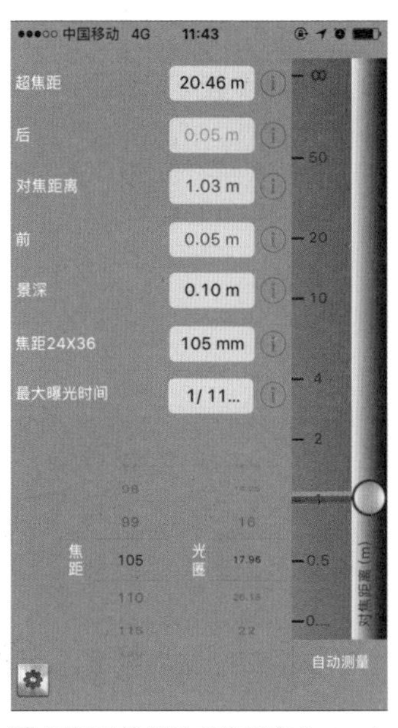

局部图拍摄时对焦距离为 1m 左右，焦距为 105mm。发现当光圈为 F18 时，景深为 10cm，满足要求

（4）快门速度：使用普通影室闪光灯拍摄，快门速度不能超过1/160s，否则会产生黑边。如果对快门速度没有特殊要求，建议使用1/125s进行拍摄。

（5）感光度：感光度的设定对于静物摄影来说很少变动，基本锁定在100即可。原因在于静物摄影一定会使用三脚架固定相机，所以没有提高快门速度的必要。另外，低感光度能够让照片获得最佳画质。

（6）白平衡：白平衡会影响照片的色调，因此需要精准控制。由于我们的拍摄场景光线并不复杂，因此可以使用自动白平衡选项。

（7）对焦方式：静物摄影对焦方式一定要选择手动对焦。手动对焦可以精确控制合焦平面，换言之，可以通过转动对焦环，精确控制照片中最清晰的区域出现在哪里。因为在拍摄时使用三脚架稳定相机，所以，如果使用的镜头有防抖功能，请关闭。

相机按钮和接口功能说明

（8）对焦点：主图的对焦点选在皮包商标上，局部图的对焦点选在主体上即可。

当构图、布光、设置参数、对焦都完成后，就可以按下快门拍摄了。拍摄完成后使用Photoshop对照片进行简单的抠图，就可以得到一张表现很好的公文包的照片了。

第8章 08 轻松拍出甜美的人像

三分法构图拍摄完美人像

三分法构图就是黄金分割法的简化版，是人像摄影中最为常用的一种构图方法，其优点是能够在视觉上给人以愉悦和生动的感受，避免人物居中带来的呆板感觉。

↑将人物放在左三分线处，画面显得简洁又不失平衡，给人一种耐看的感觉（焦距：50mm ┆ 光圈：F2 ┆ 快门速度：1/125s ┆ 感光度：ISO100）

数码单反相机在取景器和实时显示拍摄状态下都提供了可用于进行三分法构图的网格线显示功能，我们可以将它与黄金分割曲线完美地结合在一起使用。

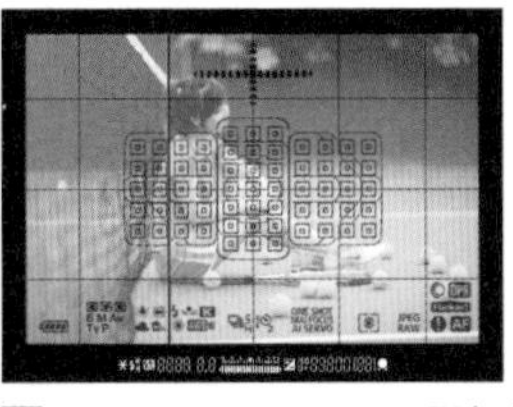

↑Canon EOS 5D Mark Ⅳ相机的网格线可以辅助我们轻松地进行三分法构图

对于纵向构图的人像照片而言，通常以眼睛作为三分法构图的参考依据。当然随着拍摄面部特写到全身像的范围变化，构图的标准也略有不同。

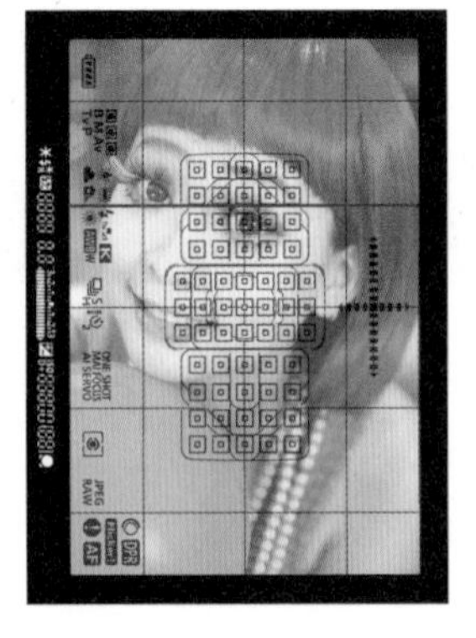

→在对人物头部进行特写拍摄时，通常会将人物眼睛置于画面的三分线处（焦距：50mm ┆ 光圈：F2.8 ┆ 快门速度：1/400s ┆ 感光度：ISO320）

高调风格适合表现艺术化人像

高调人像的画面影调以亮调为主，暗调部分所占比例非常小，常用于女性或儿童人像照片，且多偏向艺术化的视觉表现。

在拍摄高调人像时，模特应该穿白色或其他浅色的服装，背景也应该选择相匹配的浅色，并采用顺光照射，以利于画面的表现。在阴天时，光线以散射光为主，此时先使用光圈优先照相模式（A 挡）对模特进行测光，然后切换至手动照相模式（M 挡），降低快门速度以提高画面的曝光量。当然，也可以根据实际情况，在光圈优先模式（A 挡）下适当增加曝光补偿的数值，以提亮整个画面。

➔ 高调照片能给人轻盈、优美、淡雅的感觉，模特的金色头发及衣服上的图案使得画面有色彩亮点。（焦距：35mm ┆ 光圈：F11 ┆ 快门速度：1/125s ┆ 感光度：ISO160）

低调风格适合表现个性化人像

与高调人像相反，低调人像的影调构成以较暗的颜色为主，基本由黑色及部分中间调颜色组成，亮调所占的比例较小。

在拍摄低调人像时，如果采用逆光拍摄，应该对背景的高光位置进行测光；如果采用侧光或侧逆光拍摄，通常以黑色或深色作为背景，然后对模特身体上的高光区域进行测光，这样该区域就能以中等亮度或者更暗的影调表现出来，而原来的中间调或阴影部分则呈现为暗调。

在室内或影棚中拍摄低调人像时，根据要表现的主题布置 1~2 盏灯光，如正面光通常用于表现深沉、稳重，侧光常用于突出人物的线条，而逆光则常用于表现人物的形体造型或头发（即发丝光），此时模特宜穿着深色的服装，以与整体的影调相协调。

大面积的暗色使画面展现出低调风格，再搭配模特冷酷的表情、浓郁的妆容，展现出了一种冷艳的氛围（焦距：24mm ┆ 光圈：F4.5 ┆ 快门速度：1/200s ┆ 感光度：ISO100）

利用逆光拍摄唯美人像

逆光勾勒出的人像轮廓

在用逆光拍摄人像时，最主要的一个效果就是将人物的轮廓勾勒出亮线条， 亮线条的主要作用是可以将人物与背景相分离，比如右图所展现的效果。在背景比较暗的情况下，亮线条所产生的分离主体背景和美化画面的作用，都展现得淋漓尽致，让人物在画面中更加光鲜、亮丽。

↑ 在人物背后打光，形成逆光效果，在暗背景的衬托下， 人物的轮廓感非常明显（焦距：50mm ┆ 光圈：F5.6 ┆ 快门速度：1/250s ┆ 感光度：ISO100）

逆光形成的温馨氛围

由于在拍摄逆光人像时，往往会选择在清晨和日落时间进行拍摄，一是因为此时的光线角度比较低，二是因为此时光线的强度比较弱，所以，在添加反光板对人物补光或通过后期处理后，可以让较亮的背景和人物都同时具有细节。

因为最佳拍摄时间段是清晨和日落时分，所以，画面往往会呈现出暖色调，利用暖色调可以营造一种温馨的氛围，为了让画面的暖色调更突出，可以选择将太阳纳入到画面中，并且拍出光芒万丈的感觉，比如右图这种效果，太阳的光芒其实对画面中男士的脸部有一定影响的，但是这种影响恰恰是画面中想要营造出的温馨、惬意的情绪。

↑ 太阳的光晕效果让画面更显唯美与温馨（焦距：70mm ┆ 光圈：F2.8 ┆ 快门速度：1/800s ┆ 感光度：ISO100）

利用色彩润色人像摄影

通过和谐色让画面更简洁

当画面中的色彩以和谐色为主时，会给观者一种更简洁的视觉感受。

除了可以通过景物本身的色彩来形成和谐色之外，还可以利用调节白平衡的方式，来让画面的色彩呈现统一的色调。

如右图所示，陪体有一部分是发蓝色的，所以适当地降低色温数值，从而让画面整体都呈现一种幽懒的色调， 同样可以达到画面色调很统一，并且比较简洁的效果。

↑ 整体发蓝的色调让画面有和谐、统一的感觉（焦距：85mm ┆ 光圈：F3.5 ┆ 快门速度：1/80s ┆ 感光度：ISO100）

利用对比色让人像画面更具视觉冲击力

当利用色彩去营造视觉冲击力时，往往需要大面积的色彩冲突来营造出冲击力，而不是通过画面中的一个点光源或者局域光来突出人物了。因而摄影师要寻找拍摄场景中的对比色彩，通过大面积色彩的对比，来让画面产生一种分割感，进而让观者有一种更具冲击力的视觉感受。

除了利用场景中本身的色彩冲突，还可以利用不同颜色的光线来营造色彩上的冲突。比如下图通过蓝色的灯光和红色的灯光，为画面营造了两个不同的色彩区域，这两个色彩区域就形成了一种鲜明的色彩对比，从而让画面更有张力和力量感。

← 被红色光线染色的大面积墙面与小面积的蓝色区域形成色彩对比，人物站在它们的分界处，既突出了主体，视觉感也不错（焦距：35mm ┆ 光圈：F3.2 ┆ 快门速度：1/100s ┆ 感光度：ISO500）

拍摄人物的局部

表现人物局部美

如果一个人物的整体造型平淡无奇，而某个局部却具有强烈的美感，那么这个时候就适合对局部进行拍摄。比如右面这张照片，如果拍摄整体的话，虽然可能也具有一定的美感，但是那种面纱所投下的阴影效果，势必会被削弱，所以，本着将画面中最美部分突出的原则，就对头纱所投下的阴影部分进行局部拍摄。

以特写景别表现人脸及脖颈上被阳光投射上的面纱图案，画面非常迷人（焦距：85mm ┆ 光圈：F3.2 ┆ 快门速度：1/250s ┆ 感光度：ISO100）

通过局部拍摄突出画面重点

在进行人像摄影时，有时人物身体的局部或者身体上的某个事物具有独特的内涵与韵味，这种情况下建议通过局部拍摄的方法，将具有特点的景物突出表达出来。比如下图就是突出表现了一只拿着花束的手，而手上有一只猫的文身。文身是一种带有独特意味和含义的事物，所以，当突出表达时，画面就有了自己的思想。

相对简洁的背景衬托出了拿着花束的手（焦距：135mm ┆ 光圈：F2.8 ┆ 快门速度：1/160s ┆ 感光度：ISO100）

第9章 09 轻松拍出唯美风光

风光摄影中的人物和动体

在风光摄影中，人物和动体往往能对画面起到陪衬等多方面的作用，因此，花上很长时间等待人物和小船、车马、家禽等适合拍摄的动体出现是有必要的，这些画面元素既能活跃画面，又能有力地表现风光的环境特征，有助于主题的表达。例如，一池碧水上游弋的三两只鸭子能带来“春江水暖鸭先知”的意境，可以更好地烘托出春天的主题。

拍摄风光片不一定只单纯地表现风景，可以将马匹巧妙地融合到景色里，不但为画面增添生机，还丰富了画面元素（焦距：30mm ¦ 光圈：F8 ¦ 快门速度：1/80s ¦ 感光度：ISO100 ）

在风光摄影中，人物和动体往往还在画面中起到对比的作用。例如，拍摄某些景物时，加入几个人物作为陪衬，画面便有了比例，可以表现出景物的高大和开阔。另外，利用人物或动体的颜色与画面主体色调的对比效果，还可以使画面色彩富有变化。

要注意的是，风光摄影中的人物和动物一般是作为陪体出现的，在画面中所占比例不宜过大，以免喧宾夺主。

站在海边的游人作为美景的衬托者，为画面增添了生机感，也衬托出大海的辽阔（焦距：16mm ¦ 光圈：F10 ¦ 快门速度：1/20s ¦ 感光度：ISO400 ）

这样拍山景

山景也讲线条美

拍摄山脉的时候，如果只是单纯地拍，可能拍出来的画面与看到的和想象的完全不一样。拍摄山脉的时候要讲究构图和光线，这样才能把你想象中山脉的那种感觉表现出来。例如，表现山峦连绵起伏的线条时，如果在顺光下，拍出的线条不会太明显，因为颜色比较相近，山峦会模糊成一片，灰蒙蒙的没有什么特色。所以，可以选择逆光、侧逆光的角度拍摄。

通常，这个光线角度拍出来的山峦，都是剪影、半剪影的效果，山体的轮廓反而会更加明显，虽然山体没有什么细节，但是可以很好地表现山峦的线条美。

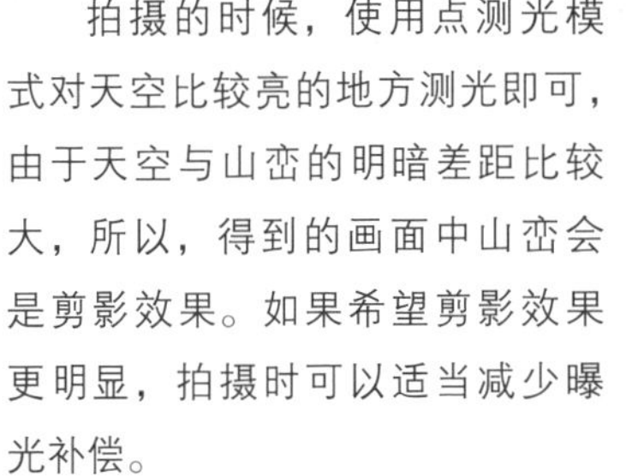

拍摄的时候，使用点测光模式对天空比较亮的地方测光即可，由于天空与山峦的明暗差距比较大，所以，得到的画面中山峦会是剪影效果。如果希望剪影效果更明显，拍摄时可以适当减少曝光补偿。

在逆光光线的照射下，呈剪影效果的山体线条明朗，其连绵起伏的形体给人一种艺术美感（焦距：200mm ¦ 光圈：F5.6 ¦ 快门速度：1/180s ¦ 感光度：ISO100）

用构图突出险峻感

要表现山峦的险境或险峻感，构图非常重要。如果只是用广角拍了一片山景，并不能凸显其险峻感，最好是拍摄山脉起伏比较大的地方，在画面中形成一个V字。V字形构图的高低落差非常大，很适合用来强化山势险峻的感觉。

V字形构图很好地表现出了山的险峻感（焦距：70mm ¦ 光圈：F7.1 ¦ 快门速度：1/100s ¦ 感光度：ISO200）

有云山景也缥缈

比起光秃秃的山景，有陪体的山景会比较漂亮，尤其是带有云海的山景。有云的情况下，远处的山比较朦胧，而近处的山则是清晰的，在虚实对比下画面看起来会非常有层次感和空间感，也会使山景看起来有缥缈的感觉，若隐若现，非常漂亮。

山中飘着的云雾让画面更有意境（焦距：50mm ┆ 光圈：F10 ┆ 快门速度：1/125s ┆ 感光度：ISO200 ）

将山景框起来

通常山上会有很多树木，拍摄的时候也可以利用这些树木来点缀画面。例如，可以利用树木形成框式构图，汇聚观者的视觉焦点，将山景框在画面中。除了利用树木，还可以利用门、窗、建筑甚至是云雾，只要是能够形成框的都可以，主要目的就是将山体框在画面中形成视觉焦点并美化画面。如果旅游时住在景区的旅馆中，推窗见景，无疑是最佳拍摄场景。

以树枝作为前景，将远处的山景框起来，增强视觉冲击力（焦距：24mm ┆ 光圈：F14 ┆ 快门速度：1/500s ┆ 感光度：ISO200 ）

这样拍唯美水景

瀑布就要拍出气势来

“飞流直下三千尺，疑是银河落九天。”唐代著名诗人李白的诗句描绘了瀑布非常精彩壮观的场面。摄影家要做的工作是把瀑布的雄伟壮观用照片表达出来！然而，宽窄不一、高低不同的瀑布应当如何来表现呢?

通常的做法是，要表现瀑布的高大雄伟之势，宜选择竖幅拍摄。竖幅尤其适合拍摄那种悬挂在山腰中、瀑面较窄而落差较大的瀑布。如果拍摄的是黄果树瀑布、黄河壶口瀑布这种瀑面十分宽广的瀑布，选择横幅构图才会有较好的表现效果，这样能更好地展示其横跨山谷的浩大气势。

其次还可以使用体量对比，以人们熟知的景象来与瀑布形成对比，使观者了解瀑布的体量，从而凸显瀑布气势。

竖画幅垂直构图表现瀑布，用较高的快门速度记录下瀑布飞流直下的气势，纳入了前景中的彩虹来丰富画面的元素（焦距：18mm ┆ 光圈：F8 ┆ 快门速度：1/500s ┆ 感光度：ISO200）

水景不要太单调

看到美丽的水景，不要只是简单地拿出相机把它拍下来，这样拍摄出来的画面会令人失落，因为只有简单的天空与水景，缺少画面兴趣点和主题性。例如，在拍摄大海时，应该把海面上的船或者是水鸟拍进来，这样会使画面生动很多。因为拍摄美景的时候，不仅要把景象记录下来，还要把景象传达给你的感觉表达出来，如大海的辽阔、无垠、平静、豁达，等等。这些感觉需要从构图、取景，还有光线上进行取舍。

如果是夕阳西下，可以拍摄水面上的小船、水鸟，或是海边嬉戏的人，将夕阳西下海边那种祥和、温馨的气氛表达出来。这就是利用陪体来表达大海给你的感觉，这样不但可以将大海的感觉表达得很到位，还避免了画面单调。

纳入天空的飞鸟打破了宁静，为画面增添了生机（焦距：200mm ┆ 光圈：F8 ┆ 快门速度：1/2000s ┆ 感光度：ISO100）

怎样突出水景纵深感

为了突出纵深感，在拍摄水景的时候，可以在画面中纳入一些参照物，如栈桥、礁石、小舟等，纳入这些参照物的时候要注意其走向，最好是向水景深处延伸，这样就可以起到视觉导向的作用，将观者的视线导向水景的深处，同时也起到了增强画面纵深感的作用。

透视与纵深是让照片看上去更真实的重要因素，除非特意拍摄那种看上去像平面剪纸一般的照片，否则，都应该利用上面讲述的方法让画面有明显的纵深感。

前景中纵向的岩石不仅丰富了单调的海景，还增加了画面的空间感（焦距：24mm ┆ 光圈：F10 ┆ 快门速度：1s ┆ 感光度：ISO200）

这样拍绚丽日出日落

拍摄太阳要讲究时机

拍摄日出，需要早起，早点赶到拍摄地点，做好准备工作。拍摄日出时必须于日出前的最少半小时开始拍摄，一小时尤佳，因为在日出前天空由黑变蓝，由蓝变橙的时间，将会是非常漂亮的景色，当然到真正日出时也可以拍摄太阳出现的一刻，很是壮观！

拍摄日落与日出一样，需要提前到达拍摄地点，做准备并等待最佳时机。拍摄日落的时间不宜过早，过早只会拍到猛烈阳光的“日景”，而且强光会刺激眼睛。

最佳的拍摄时机是阳光不刺眼、天空颜色开始有变化时。当太阳落入地平线后，也可以继续拍摄一段时间，这时如果天空中云层，会出现火烧云效果。

拍摄日出日落的最佳地点，以空旷无遮挡的场景为佳，如海边、湖边、山顶、城市楼顶等。在拍摄时，为了丰富画面的层次、增加画面的情趣，在表现光与影的同时，可以在画面中适当添加一些视觉元素，如飞鸟、人物、树木等。

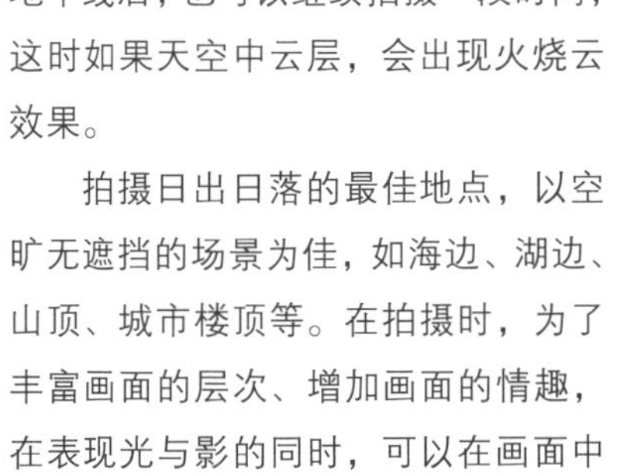

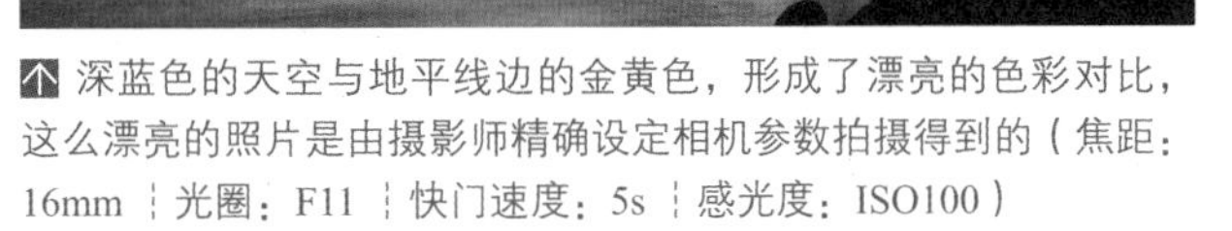

深蓝色的天空与地平线边的金黄色，形成了漂亮的色彩对比，这么漂亮的照片是由摄影师精确设定相机参数拍摄得到的（焦距：16mm ┆ 光圈：F11 ┆ 快门速度：5s ┆ 感光度：ISO100）

拍摄透射云彩的光芒

当天空中的云彩比较厚时，太阳光偶尔会从云彩后面透射出来，形成光芒万丈的效果。通常在傍晚或雨后会出现这种状况。

拍摄这种画面时，需要注意的是，要强调光线的画面表达，将光芒四射的感觉表现出来，在构图上应尽量使用广角镜头，纳入比较多的环境，以夸大光线放射状的效果。

阳光透过云彩形成了霞光万丈的景色，金色云层有一种神奇的魅力（焦距：95mm ┆ 光圈：F10 ┆ 快门速度：1/1000s ┆ 感光度：ISO100）

让太阳画面更加丰富些

拍摄太阳的时候经常会遇到这种状况：画面中就一个圆盘似的大太阳，因为太阳在天上，大家只把注意力放在天空，所以，只拍了太阳和天空，忘记了表现一下地面的景象，这样的画面会感觉比较空洞。在拍摄太阳时，可以采用比较低的水平线构图，将山景、水景或树木等纳入画面，丰富画面元素，为画面营造空间感。但是，为了不喧宾夺主，地面景象不要太多，画面还是以天空和太阳为主。

夕阳下，海中有几个人在游泳，让画面有了点睛之笔（焦距：105mm ┆ 光圈：F7.1 ┆ 快门速度：1/1250s ┆ 感光度：ISO400）

第10章 10 轻松拍出建筑韵律与夜景酷炫感

这样拍出建筑的韵律感觉

拍摄建筑要选对光线

拍摄建筑时光线选择非常重要，如果选择顺光拍摄建筑，画面会很平淡，逆光拍摄很适合表现建筑的线条美，侧光拍摄则适合表现建筑的立体感，所以，建筑结构需要在适合的光线下才能够表现出美感来。

例如，中国古典建筑外部轮廓非常有特色，也非常漂亮，很适合用逆光来表现。逆光的时候使用点测光模式对天空部分测光，可以把建筑拍成剪影的形式，虽然看不到建筑的细节部分，但是剪影可以把古建筑很有特色、很优美的轮廓表现得非常充分，在美丽的天空背景衬托下，画面会非常有形式美感。所以，拍摄这种建筑时首先要看建筑的外部轮廓是不是很漂亮，其次要注意到当时的天空是不是很美。

摄影师选择黄昏时拍摄建筑，挂着晚霞的天空为画面添彩（焦距：18mm ┊ 光圈：F10 ┊ 快门速度：1/60s ┊ 感光度：ISO200）

把单个建筑拍得更高耸

拍摄单个比较高的建筑时，为了突出高耸的特点，可以采用仰视的角度拍摄，拍的时候也可以蹲下来，使建筑高耸的感觉更突出。由于是往上拍，所以拍摄这种画面时都是以天空为背景的，天空非常亮，而建筑物与之相比比较暗，为了避免天空或者建筑光比过大，导致天空或建筑曝光不准确，最好在光线差距不大的天气拍摄。当然，还要选择天空颜色很漂亮的时候，这样拍出来的画面才会层次丰富，颜色漂亮。

几乎以垂直仰视的角度拍摄建筑，将建筑主体置身于天空中，如高耸入云般，呈现出另类的视觉感受（焦距：17mm ┆ 光圈：F8 ┆ 快门速度：1/400s ┆ 感光度：ISO100）

把成片的建筑拍得更有气势

所谓成片的建筑，也就是建筑群，如故宫，这类建筑本身就很有气势，为了突出这种气势，最好选择比较高的地方，以俯视的角度拍摄，也就是从高处往下拍。为了拍摄比较完整又有气势的俯视的建筑群，画面中最好不要出现前景，可以适当调整焦距，避开前景进行拍摄。

表现建筑群气势时，视野越大越好，因此，要选择天气比较通透的时候拍摄，也可以尝试全景拍摄，把建筑群的气势表现得更加突出。

用广角镜头俯视拍摄城市，将城市中密密麻麻的建筑展现了出来，表现出城市的繁华（焦距：16mm ┆ 光圈：F9 ┆ 快门速度：1/250s ┆ 感光度：ISO200）

关注建筑的细节之美

除了气势和结构美之外，有些古典建筑还很具有民族特色或者地域特色，细节非常漂亮。可以用长焦镜头拉近画面，以特写的形式去表现这些细节之美。

拍摄时可以选择侧光的角度，突出细节部分的立体感，这样使画面显得更加精致。

使用长焦镜头拉近表现屋檐上的精美雕刻（焦距：200mm ┆ 光圈：F8 ┆ 快门速度：1/250s ┆ 感光度：ISO100）

关注建筑的线条之美

线条之美是建筑与生俱来的，可以通过构图、光线的选择，用画面的形式来突出建筑的线条美。广角镜头很适合表现具有张力的线条美。拍摄时可以从不同的角度去寻找适合突出建筑线条美的结构。无论是古建筑还是现代建筑，都能够从整体与局部之中感受到建筑的线条之美。

使用广角镜头拍摄富有线条感的建筑，并后期转为黑白效果，以强化线条感（焦距：18mm ┆ 光圈：F10 ┆ 快门速度：1/200s ┆ 感光度：ISO100）

用韵律美来表现建筑

韵律美就是比较相近的结构根据一定规律的变化组合在一起，让人看起来会很舒服、很有节奏感。拍摄建筑的时候要注意表现这种韵律美，可以从建筑的线条上寻找，也可以从建筑自身的几何结构上去寻找。拍摄的时候，要不停调整视角，利用建筑相似的结构，如建筑中高低不同的栅栏、扶手、开启的窗户、阳台，等等。要表现出韵律美，最好只表现结构相似的部分，尽量避免拍摄全景，因为全景会减弱韵律美的感觉。

➔ 摄影师将建筑的走廊结构完整地纳入画面中，相似的结构线条让画面很有节奏韵律（焦距：20mm ┆ 光圈：F9 ┆ 快门速度：1/160s ┆ 感光度：ISO400）

拍出胡同的“味道”

很旧的建筑是非常有味道的，如北京老胡同，很有岁月感，也非常具有生活气息。在表现这类有岁月感的建筑时，可以利用光影来凸显其时代久远的魅力。

对于很有生活气息的古建筑，可以通过光线来表现，尤其是采用一些有斑驳感的光线效果，可为古建筑增添沧桑的岁月感，使其看起来更有“味道”。

➔ 在夜晚路灯的衬托下，胡同建筑的屋檐显得更为沧桑（焦距：70mm ┆ 光圈：F4 ┆ 快门速度：1/60s ┆ 感光度：ISO640）

这样拍出夜景的酷炫感觉

拍摄夜景最佳时机

夜幕初降前后是夜景拍摄的最佳时机。在这段时间内，从太阳落山到天色完全变黑，天空会经历一个由白转为浅蓝再变成深蓝的过程，一般持续 20 分钟左右。由于此时天空有天光，地面又恰是华灯初上时，因此拍摄出来的照片中既有灿烂的灯光，又有能分辨出明显轮廓的地面建筑、树木，画面显得更丰富。

在天空还没有完全黑的情况下拍摄了这幅夜景图，使得天空呈现出好看的宝石蓝，黄色的灯光使画面更具视觉效果（焦距：16mm ┆ 光圈：F11 ┆ 快门速度：25s ┆ 感光度：ISO160）

拍摄时若想将宝石蓝的天空摄入画面，就必须在太阳沉入地平线之前赶到拍摄现场，遵循先东后西的顺序拍摄，这样就能够在天空由天蓝变为宝石蓝最后变黑的颜色变化过程中，拍出漂亮的夜景。

另外，在夕阳西下时，西方天空会出现美丽的晚霞，并与华灯、落日交相辉映，拍摄起来会获得别样的画面效果。

太阳刚刚落下，此时的天空还有绚丽的晚霞，天空中醉人的蓝紫调色彩与建筑的灯光色调形成呼应，使画面显得更富色彩感（焦距：18mm ┆ 光圈：F14 ┆ 快门速度：2s ┆ 感光度：ISO100）

用长时间曝光拍摄城市动感车流

使用慢速快门拍摄车流经过的长长的光轨，是绝大多数摄影师喜爱的城市夜景题材。要拍出漂亮的车灯轨迹，对拍摄技术有较高的要求。

很多摄友拍摄城市夜晚车灯轨迹时常犯的错误是选择在天色全黑时拍摄，实际上应该选择在天色未完全黑暗时进行拍摄，这时的天空有宝石蓝般的色彩，拍出的天空才会漂亮。

如果想让照片中的车灯轨迹呈迷人的S形线条，拍摄地点的选择很重要，应该在能够看到弯道的地点进行拍摄，如果在过街天桥上拍摄，那么出现在画面中的灯轨线条必然是在远方交汇的直线条，而不是S形线条。

拍摄车灯轨迹一般选择快门优先模式，并根据需要将快门速度设置为30s以内的数值（如果要使用超出30s的快门速度进行拍摄，则需要使用B门）。在不会过曝的前提下，曝光时间的长短与最终画面中车灯轨迹的长度成正比。

使用这一拍摄技巧，还可以拍摄城市中其他有灯光装饰的景物，如摩天轮、音乐喷泉等，使运动中的发光对象在画面中形成光轨。

↑ 三脚架配合低速快门的使用，使拍出的城市夜晚车灯轨迹更加璀璨，画面不仅充满了动感，还呈现出了十分迷人的效果（焦距：17mm ┆ 光圈：F15 ┆ 快门速度：25s ┆ 感光度：ISO100）

拍出灯光的璀璨星芒

在拍摄夜景时，灯光的星芒是不可不拍摄的一种夜景摄影题材。要很好地表现灯光的星芒，可以采用小光圈拍摄的方法。

小光圈拍摄灯光星芒的原理如下：相机成像时，光圈叶片边缘会使光线发生衍射和散射现象，从而产生星芒效果。简单来说，就是因为光圈叶片交界处有一个夹角，类似于狭缝，通过角上的光线会发散开来，因此形成了外射的星芒光线。

星芒的芒线长度主要取决于光圈和焦距，小光圈和长焦都能使星芒的芒线变长。使用的光圈越小，星芒越细长、越尖锐。灯光产生的星芒条数与镜头的光圈叶片数有关，因此，使用不同的镜头拍摄时，有可能出现不同的星芒效果。

拍摄时要注意不可使用过小的光圈，因为当所使用的光圈过小时，会由于光线的衍射效应，导致画面的质量下降。另外，夜景摄影本就属于弱光拍摄，如果拍摄时使用小光圈，就会使曝光时间更加长，因此，拍摄时要借助三脚架的支撑，以保证画面清晰度。

▲ 以微仰视的角度拍摄的夜间大桥，利用小光圈将其上面的灯光营造出星芒状效果，在蓝调夜幕的衬托下好像闪亮的星星（焦距：17mm ┊ 光圈：F22 ┊ 快门速度：5s ┊ 感光度：ISO400）

拍摄波澜壮阔的横空银河

银河是天文爱好者喜欢的摄影主题，在高原、高山、草原等空气通透户外地旅行时，可以很容易拍摄到漂亮的银河。

在北半球拍银河的最好季节就是6月至8月，在拍银河之前，可以使用手机应用程序Starwalk或Photopills来计算银河何时出现、何时隐退、何时拍起来最美，还可以用这些程序检查月相，确保天空不会暗淡无光。一般情况下，新月前后是拍摄银河的最佳时机。

银河和星星同时跟随地球自转运动，所以，最佳曝光时间需控制在30~60s，如果曝光时间过长，星星会变成小星轨，银河也就虚了。由于拍摄银河不能像拍星轨一样可以使用B门累计曝光量，因此，只能通过提高ISO和调大光圈值来保证曝光。

拍摄银河有一个标准的、广泛使用的曝光组合，即快门速度30s、光圈f/2.8、感光度ISO3200，原因就在于此曝光组合能够让最多的光线进入。因此，为了保证画面的最佳质量，高感较好的全画幅相机及拥有大光圈的广角镜头是最佳选择。同时，坚固的三脚架及快门线也是必需品。

夜晚的天空光线很暗，因此需要拧动对焦环至无限远对焦位置以确保画面的锐度。为了避免周围的光对画面的影响，在拍摄时可以装上遮光罩及遮盖取景器。

使用手动对焦，并将对焦环调整至无穷远即可获得清晰的星空图片（焦距：28mm ┆ 光圈：F16 ┆ 快门速度：25s ┆ 感光度：ISO1000）

拍出奇幻的星星轨迹

星轨的拍摄要点

星轨是一个比较有技术难度的拍摄题材，总体来说，要想拍摄出漂亮的星轨，必须具备“天时”与“地利”。

“天时”是指时间与气象条件。拍摄的时间最好在夜晚，此时明月高挂，星光璀璨，较容易拍摄出漂亮的星轨，天空中应该没有云层，以避免星星被遮盖住。

“地利”是指合适的拍摄地点。由于城市中的光线较强，空气中的颗粒较多，对拍摄星轨有较大的影响。所以，要拍出漂亮的星轨，最好选择郊外或乡村。构图时要注意利用地面的山、树、湖面、帐篷、人物、云海等对象，丰富画面内容，因此选择拍摄地点时要注意。

同时要注意，如果在画面中纳入了比星星还要亮的对象，如月亮、地面的灯光等，长时间曝光之后，容易使这一部分严重曝光过度，影响画面整体的艺术效果，所以，要注意回避此类对象。

拍摄时要用B门，以自由地控制曝光时间，使用带有B门快门释放锁的快门线可以让拍摄变得更加轻松。如果对焦困难，应该用手动对焦的方式。

必须指出的是，如果曝光时间较长，照片中肯定会出现大量噪点，虽然在后期处理时可以利用软件对噪点进行消除，但最终得到的照片画质仍然不可能令人满意。因此，目前较流行的是采取短时间曝光连续拍摄，然后在后期进行合成的方法。

使用B门进行长时间曝光也可以获得不间断的星轨，但对环境要求较高（焦距：17mm ┆ 光圈：F3.2 ┆ 快门速度：1000s ┆ 感光度：ISO200）

在拍摄星轨时，选择不同的拍摄方向会得到不同的画面效果。如果将镜头中心对准北极星长时间曝光，拍出的星轨会成为同心圆，在这个方向上曝光一小时，画面上的星轨弧度为15°；如果曝光两小时，画面上的星轨弧度为30°；而朝东或朝西拍摄，则会拍出斜线或倾斜圆弧状的星轨画面。

正所谓“工欲善其事，必先利其器”，在拍摄星轨时，器材的选择也很重要，质量可靠的三脚架自不必说，镜头的选择也是重中之重，应该以广角镜头和标准镜头为佳，通常选择35~50mm焦距的镜头。如果焦距太短，虽然能够拍摄更大的场景，但星轨在画面中会比较细；如果焦距过长，视野又会显得过窄，不利于表现星轨。

对准北极光拍摄，得到漂亮的同心圆星轨（焦距：28mm ┆ 光圈：F10 ┆ 快门速度：2000s ┆ 感光度：ISO100）

两种拍摄星轨的方法及其各自的优劣

通常来说，星轨有两种拍摄方法，分别为前期拍摄法与后期堆栈合成法。

前期拍摄法是指通过长时间曝光前期拍摄，即拍摄时用B门进行摄影，拍摄时通常要曝光半小时甚至几个小时。

后期堆栈合成法是指使用延时摄影的手法进行拍摄，拍摄时通过设置定时快门线，使相机在长达几小时的时间内，每隔1秒或几秒拍摄一张照片，完成拍摄后，在Photoshop中利用堆栈技术，将这些照片合成为一张星轨迹照片。

二者各有优劣，下面分别从不同的角度对比分析一下它们的特点。

曝光时间影响：由于实际拍摄时，可能存在“光污染”问题，如城市中的各种人造光、建筑反光等，虽然肉眼很难或无法看到，但在长达数百分钟的曝光时间下，会逐渐在照片中显现得越来越明显。因此，若是使用前期长曝

后期合成可以得到更创意绚丽的画面效果（焦距：18mm ┆ 光圈：F3.2 ┆ 感光度：ISO320）

拍摄法，则曝光时间越长，越容易受到“光污染”的影响；反之，若是使用后期叠加法，只要单张照片不过曝，最终叠加好的星轨就不会过曝。

噪点影响：使用前期长曝拍摄法时，往往需要设置较高的ISO感光度并进行超长时间的曝光，因此很容易出现高ISO噪点与长时间曝光噪点。此外，由于长时间曝光，相机会逐渐变热，还会由此导致热噪点的产生；若使用后期叠加法，则可以避免长时间曝光噪点与热噪点，并且在后期叠加时，还会在一定程度上消除高ISO产生的噪点，因此画质更优。

星光疏密影响：使用前期长曝拍摄法时，星光的疏密对最终的拍摄结果有直接影响；后期叠加法可以通过拍摄多张照片，在很大程度上弥补星光过于稀疏的问题。

相机电量影响：使用前期长曝拍摄法时，由于只拍摄一张照片，因此要求在拍摄完成之前，相机必须拥有充足的电量，否则可能前功尽弃；使用后期叠加法，由于是拍摄很多照片进行合成，即使电量耗尽，损失的也只是最后拍摄的一张照片，对整体的照片不会有太大影响。

需要注意的是，无论采用哪种拍摄手法，为了保证画面的清晰度与锐度，一个稳定性优良的三脚架是必备的。如果风比较大的话，还需要在三脚架上悬挂一些有重量的东西，以防止三脚架不够稳固，同时也可使用一些能挡风的工具为相机挡风。

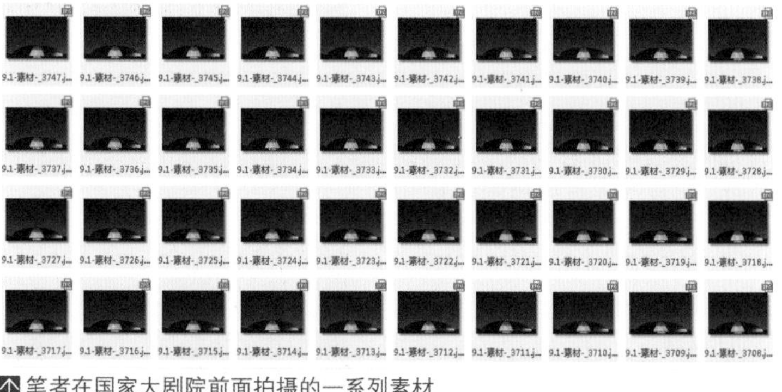

笔者在国家大剧院前面拍摄的一系列素材

通过后期处理得到的成片（焦距：14mm ┆ 光圈：F2.8 ┆ 感光度：ISO200）

第11章 拍视频要理解的术语及必备附件

理解视频分辨率、制式、帧频、码率的含义

理解视频分辨率并进行合理设置

视频分辨率指每一个画面中所显示的像素数量，通常以水平像素数量与垂直像素数量的乘积或垂直像素数量表示。视频分辨率数值越大，画面就越精细，画质就越好。

佳能的每一代旗舰机型在视频功能上均有所增强，以佳能R5为例，其在视频方面的一大亮点就是支持8K视频录制。在8K视频录制模式下，用户可以最高录制帧频为30P、文件无压缩的超高清视频。

需要额外注意的是，若要享受高分辨率带来的精细画质，除了需要设置相机录制高分辨率的视频以外，还需要观看视频的设备具有该分辨率画面的播放能力。

比如使用佳能R5录制了一段4K（分辨率为4096×2160）视频，但观看这段视频的电视、平板或者手机只支持全高清（分辨率为1920×1080）播放，那么呈现出来视频的画质就只能达到全高清，而到不了4K的水平。

因此，建议各位在拍摄视频之前先确定输出端的分辨率上限，然后再确定相机视频的分辨率设置。从而避免因为过大的文件对存储和后期等操作造成没必要的负担。

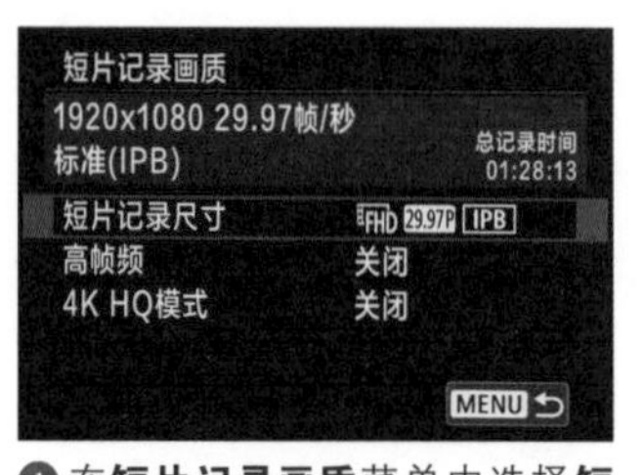

❶ 在**短片记录画质**菜单中选择**短片记录尺寸**选项

❷ 点击选择带4K图标的选项，然后点击SET OK图标确定

设定视频制式

不同国家、地区的电视台所播放视频的帧频是有统一规定的，称为电视制式。全球分为两种电视制式，分别为北美、日本、韩国、墨西哥等国家使用的NTSC制式和中国、欧洲各国、俄罗斯、澳大利亚等国家使用的PAL制式。

选择不同的视频制式后，可选择的帧频会有所变化。比如在佳能5D4中，选择NTSC制式后，可选择的帧频为119.9P、59.94P和29.97P；选择PAL制式后，可选择的帧频为100P、50P、25P。

需要注意的是，只有在所拍视频需要在电视台播放时，才会对视频制式有严格要求。如果只是自己拍摄上传视频平台，选择任意视频制式均可正常播放。

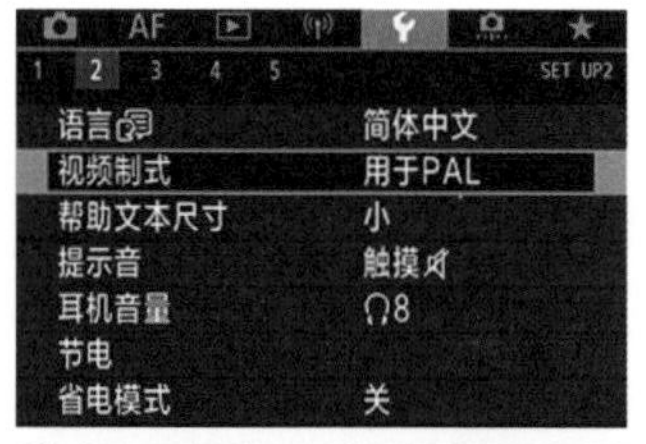

❶ 在**设置菜单2**中选择**视频制式**选项

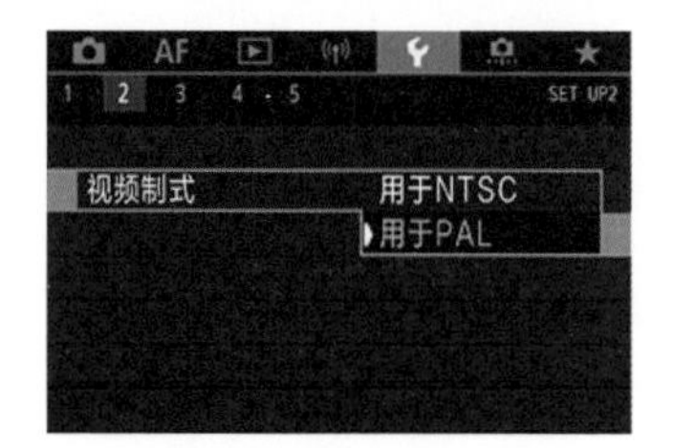

❷ 点击选择所需的选项

理解帧频并进行合理的设置

无论选择哪种视频制式，均有多种帧频供选择。帧频是指一个视频里每秒展示出来的画面数（fps），在佳能相机中以单位P表示。例如，一般电影以每秒24张画面的速度播放，也就是一秒钟内在屏幕上连续显示出24张静止画面，其帧频为24P。

很显然，每秒显示的画面数多，视觉动态效果就流畅，反之，如果画面数少，观看时就有卡顿感觉。因此，在录制景物高速运动的视频时，建议设置为较高的帧频，从而尽量让每一个动作都更清晰、流畅；而在录制访谈、会议等视频时，则使用较低帧频录制即可。

当然，如果录制条件允许，建议以高帧数录制，这样可以在后期处理时拥有更多处理可能性，比如得到慢镜头效果。比如，在4K分辨率的情况下，EOS R5依然支持120fps视频拍摄，可以同时实现高画质与高帧频。

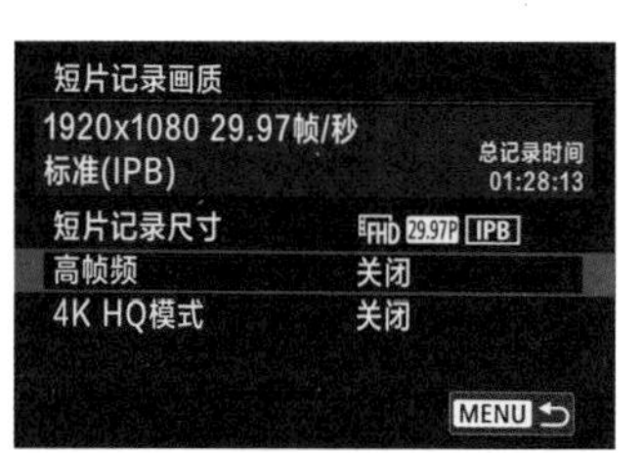

❶在**短片记录画质**菜单中选择**高帧频**选项

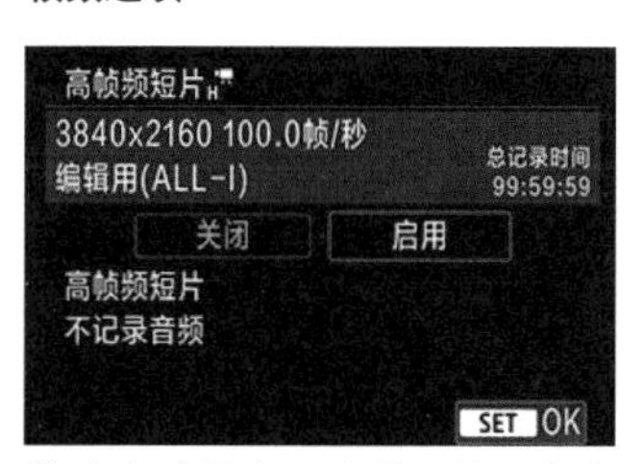

❷点击选择**启用**选项，然后点击SET OK图标确定

理解码率的含义

码率又称比特率，指每秒传送的比特（bit）数，单位为bps（Bit Per Second）。码率越高，每秒传送的数据就越多，画质就越清晰，但相应的，对存储卡的写入速度要求也更高。

在佳能相机中，虽然无法直接设置码率，但却可以对压缩方式进行选择。MJPG、ALL-Ⅰ、IPB和IPB这4种压缩方式的压缩率逐渐提高，而压制出的视频码率则依次降低。

其中，可以得到最高码率的MJPG压缩模式，根据不同的机型，其码率也有差异。比如，在选择MJPG压缩模式后，佳能EOS R可以得到码率为480Mbps的视频，而5D4得到的码率则为500Mbps。

值得一提的是，如果要录制码率超过400Mbps的视频，需要使用UHS-II存储卡，也就是写入速度最少应该达到100MB/s，否则无法正常拍摄。因此，如果相机以拍摄视频为主，那么在选购存储卡时尽量购买顶级或次顶级存储卡。

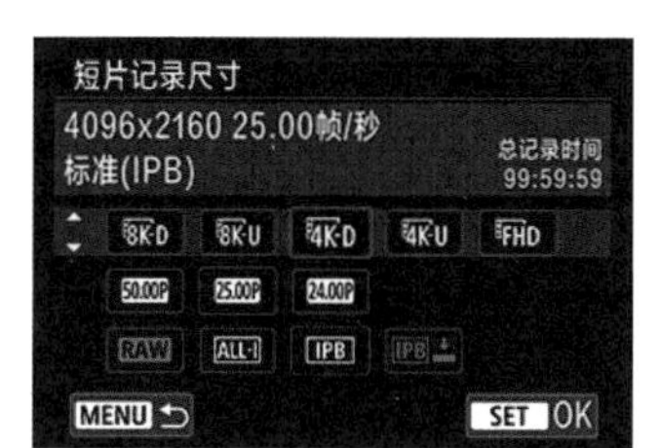

在**短片记录尺寸**菜单中可以选择不同的压缩方式，以此控制码率

使用写入速度过低的存储卡会停止录制视频

理解色深的含义

色深作为一个色彩的专有名词，在拍摄照片、录制视频，以及买显示器的时候都会接触到，比如8bit、10bit、12bit等。这个参数其实表示记录或显示的照片或视频的颜色数量。如何理解这个参数？理解这个参数又有何意义？下文将进行详细讲解。

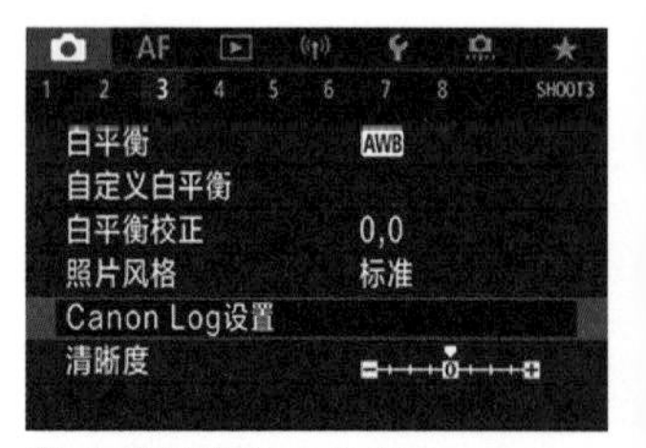

❶ 在**拍摄菜单3**中选择**Canon Log设置**选项

1.理解色深要先理解RGB

在理解色深之前，先要理解RGB。RGB即三原色，分别为红（R）、绿（G）、蓝（B）。我们现在从显示器或者电视上看到的任何一种色彩，都是通过红、绿、蓝这3种色彩进行混合而得到的。

但在混合过程中，当红、绿、蓝这3种色彩的深浅不同时，得到的色彩肯定也是不同的。

比如，面前有一个调色盘，里面先放上绿色的颜料，当分别混合深一点的红色和浅一点的红色时，得到的色彩肯定不同的。那么，当手中有10种不同深浅的红色和一种绿色时，就能调配出10种色彩。所以颜色的深浅就与呈现的色彩数量产生了关系。

❷ 点击选择**Canon Log**选项，然后点击选择**开**选项，最后点击SET OK图标确定。Canon EOS R5在开启Canon Log功能的情况下，可以录制10bit的视频

2.理解灰阶

上文所说的色彩的深浅，用专业的说法，其实就是灰阶。不同的灰阶是以亮度作为区分的，比如右图所示的就是16个灰阶。

而当颜色也具有不同的亮度时，也就是具有不同灰阶的时候，表现出来的其实就是深浅不同的色彩，如右下图所示。

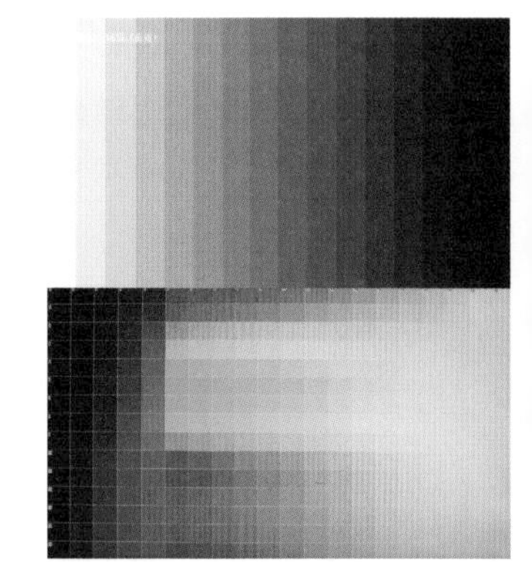

↑灰阶及不同颜色的灰度图

3.理解色深

色深的单位是bit，1bit代表具有2个灰阶，也就是一种颜色具有2种不同的深浅；2bit代表具有4个灰阶，也就是一种颜色具有4种不同的深浅色；3bit代表8种……

所以N bit就代表一种颜色包含2^n种不同深浅的颜色。

那么所谓的色深为8bit，就可以理解为，有2^8，也就是256种深浅不同的红色、256种深浅不同的绿色和256种深浅不同的蓝色。

这些颜色能混合出256×256×256=16777216种色彩。

理解色度采样

相信各位一定在视频录制参数中看到过“采样422”“采样420”等描述，那么这里的“采样422”和“采样420”到底是什么意思呢?

1.认识YUV格式

事实上，无论是420还是422均为色度采样的简写，其正常写法应该是YUV4：2：0和YUV4：2：2。YUV格式，也被称为YCbCr，是为了替代RGB格式而存在的，其目的在于兼容黑白电视和彩色电视。因为Y表示亮度，U和V表示色差。这样当黑白电视使用该信号时，则只读取Y数值，也就是亮度数值；而当彩色电视接收到YUV信号时，则可以将其转换为RGB信号，再显示颜色。

2.理解色度采样数值

接下来介绍YUV格式中3个数字的含义。

通俗地讲，第一个数字4，即代表亮度采样的像素数量；第二个数字代表了第一行进行色度采样的像素数量；第三个数字代表了第二行进行色度采样的像素数量。

这样算下来，在同一个画面中，422的采样就比444的采样少了50%的色度信息，而420与422相比，又少了50%的色度信息。那么，有些摄友可能会问：“为何不能让所有视频均录制4：4：4色度采样呢？”

主要是因为人们经过研究发现，人眼对明暗比对色彩更敏感，所以在保证色彩正常显示的前提下，不需要每一个像素均进行色度采样，从而降低信息存储的压力。

因此在通常情况下，用420拍摄也能获得不错的画面，但是在二级调色和抠像的时候，因为许多像素没有自己的色度值，所以后期处理的空间也就相对较小了。

通过降低色度采样来减少存储压力，或者降低发送视频信号带宽，对于降低视频输出的成本是有利的，但较少的色彩信息对于视频后期处理来说是不利的。因此在选择视频录制设备时，应尽量选择色度采样数值较高的设备。比如，佳能R5的色度采样为YUV4：2：2，而EOS R则为4：2：0，但EOS R可以通过监视器将色度采样提升为4：2：2。

TUV4：4：4色度采样示例图

左图为4：2：2色度采样，右图为4：2：0色度采样。在色彩显示上，能看出些许差异

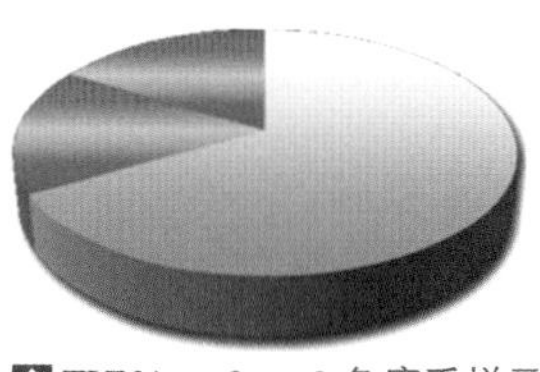

TUV4：2：2色度采样示例图

视频拍摄稳定设备

手持式稳定器

在手持相机的情况下拍摄视频，往往会产生明显的抖动。这时就需要使用可以让画面更稳定的器材，比如手持稳定器。

这种稳定器的操作无须练习，只需选择相应的模式，就可以拍出比较稳定的画面，而且体积小、重量轻，非常适合业余视频爱好者使用。

在拍摄过程中，稳定器会不断自动进行调整，从而抵消掉手抖或在移动时造成的相机震动。

由于此类稳定器是电动的，所以在搭配上手机 App 后，可以实现一键拍摄全景、延时、慢门轨迹等特殊功能。

个手持式稳定器

小斯坦尼康

斯坦尼康（Steadicam），即摄像机稳定器，由美国人Garrett Brown发明，自20世纪70年代开始逐渐为业内人士普遍使用。

这种稳定器属于专业摄像的稳定设备，主要用于手持移动录制。虽然同样可以手持，但它的体积和重量都比较大，适用于专业摄像机使用，并且是以穿戴式手持设备的形式设计出来的，所以对普通摄影爱好者来说，斯坦尼康显然并不适用。

因此，为了在体积、重量和稳定效果之间找到一个平衡点，小斯坦尼康问世了。

人们在大斯坦尼康的基础上，对这款稳定设备的体积和重量进行了压缩，从而无须穿戴，只需手持即可使用。

由于其依然具有不错的稳定效果，所以即便是专业的视频制作工作室，在拍摄一些不是很重要的素材时依旧会使用它。

但需要强调的是，无论是斯坦尼康，还是小斯坦尼康，采用的都是纯物理减震原理，所以需要一定的练习才能实现良好的减震效果。因此只建议追求专业级摄像人员使用。

个小斯坦尼康

微单肩托架

微单肩托架是一个相比小巧便携的稳定器而言更专业的稳定设备。

肩托架并没有稳定器那么多的智能化功能，但它结构简单，没有任何电子元件，在各种环境下均可以使用，并且只要掌握一定的方法，在稳定性上也更胜一筹。毕竟通过肩部受力，大大降低了手抖和走动过程中造成的画面抖动。

不仅仅是微单肩托架，在利用其他稳定器拍摄时，如果掌握一些拍摄技巧，同样可以增强画面的稳定性。

微单肩托架

摄像专用三脚架

与便携的摄影三脚架相比，摄像三脚架为了更好的稳定性而牺牲了便携性。

一般来讲，摄影三脚架在3个方向上各有1根脚管，也就是三脚管。而摄像三脚架在3个方向上最少各有3根脚管，也就是共有9根脚管，再加上底部的脚管连接设计，其稳定性要高于摄影三脚架。另外，脚管数量越多的摄像专用三脚架，其最大高度也更高。

对于云台，为了在摄像时能够实现在单一方向上精确、稳定地转换视角，摄像三脚架一般使用带摇杆的三维云台。

摄像专用三脚架

滑轨

相比稳定器，利用滑轨移动相机录制视频可以获得更稳定、更流畅的镜头表现。利用滑轨进行移镜、推镜等运镜时，可以呈现出电影级的效果，所以是更专业的视频录制设备。

另外，如果希望在录制延时视频时呈现一定的运镜效果，准备一个电动滑轨就十分有必要。因为电动滑轨可以实现微小的、匀速的持续移动，从而在短距离的移动过程中，拍摄下多张延时素材，这样通过后期合成，就可以得到连贯的、顺畅的、带有运镜效果的延时摄影画面。

滑轨

视频拍摄存储设备

如果您的相机本身支持4K视频录制，但却无法正常拍摄，造成这种情况的原因往往是存储卡没有达到要求。另外，本节还将介绍一种新兴的文件存储方式，使海量视频文件的存储、管理和分享更容易。

SD 存储卡

SD 存储卡

如今的中高端佳能微单相机、微单相机，大部分都支持录制4K视频。而由于在录制4K视频的过程中，每秒都需要存入大量信息，因此要求存储卡具有较高的写入速度。

通常来讲，U3速度等级的SD存储卡（存储卡上有U3标记），其写入速度基本在75MB/s以上，可以满足码率低于200Mbps的4K视频的录制。

如果要录制码率达到 400Mbps 的视频，则需要购买写入速度达到 100MB/s 以上的 UHS- Ⅱ存储卡。UHS（Ultra High Speed）是指超高速接口，而不同的速度级别以 UHS- Ⅰ、UHS- Ⅱ、UHS- Ⅲ标记，其中速度最快的 UHS- Ⅲ，其读写速度最低也能达到 150MB/s。

CF 存储卡

CF 存储卡

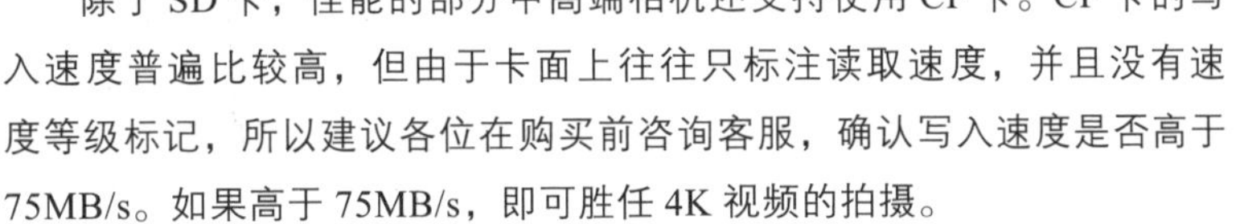

除了 SD 卡，佳能的部分中高端相机还支持使用 CF 卡。CF 卡的写入速度普遍比较高，但由于卡面上往往只标注读取速度，并且没有速度等级标记，所以建议各位在购买前咨询客服，确认写入速度是否高于 75MB/s。如果高于 75MB/s，即可胜任 4K 视频的拍摄。

需要注意的是，在录制 4K 30P 视频时，一张 64GB 的存储卡大概能录 15 分钟左右。所以各位也要考虑到录制时长，购买能够满足拍摄要求的存储卡。

NAS 网络存储服务器

NAS 网络存储服务器

由于 4K 视频文件较大，经常进行视频录制的人员，往往需要购买多块硬盘进行存储。但这样当寻找个别视频时费时费力，在文件管理和访问方面都不方便。而 NAS 网络存储服务器则让人们可以 24 小时随时访问大尺寸的 4K 文件，并且同时支持手机端和计算机端。在建立多个账户并设定权限的情况下，还可以让多人同时使用，并且保证个人隐私，为文件的共享和访问带来了便利。

一听“服务器”，各位可能觉得离自己非常遥远，其实目前市场上已经有成熟的产品。比如，西部数据或群晖都有多种型号的 NAS 网络存储服务器供选择，并且保证可以轻松上手。

视频拍摄采音设备

在室外或者不够安静的室内录制视频时，单纯通过相机自带的麦克风和声音设置往往无法得到满意的采音效果，这时就需要使用外接麦克风来提高视频中的音质。

无线领夹麦克风

无线领夹麦克风也被称为“小蜜蜂”。其优点在于小巧便携，并且可以在不面对镜头，或者在运动过程中进行收音；但缺点是当需要对多人采音时，则需要准备多个发射端，相对来说比较麻烦。另外，在录制采访视频时，也可以将“小蜜蜂”发射端拿在手里，当作“话筒”使用。

便携的“小蜜蜂”

枪式指向性麦克风

枪式指向性麦克风通常安装在佳能相机的热靴上进行固定。因此录制一些面对镜头说话的视频，比如讲解类、采访类视频时，就可以着重采集话筒前方的语音，避免周围环境带来的噪声。同时，在使用枪式麦克风时，也不用在身上佩戴麦克风，可以让被摄者的仪表更自然美观。

枪式指向性麦克风

记得为麦克风戴上防风罩

为避免户外录制视频时出现风噪声，建议各位为麦克风戴上防风罩。防风罩主要分为毛套防风罩和海绵防风罩，其中海绵防风罩也被称为防喷罩。

一般来说，户外拍摄建议使用毛套防风罩，其效果比海绵防风罩更好。

而在室内录制时，使用海绵防风罩即可，不仅能起到去除杂音的作用，还可以防止唾液喷入麦克风，这也是海绵防风罩也被称为防喷罩的原因。

毛套防风罩

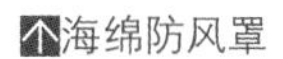

海绵防风罩

视频拍摄灯光设备

在室内录制视频时，如果利用自然光来照明，那么如果录制时间稍长，光线就会发生变化。比如，下午 2 点到 5 点，光线的强度和色温都在不断降低，导致画面出现由亮到暗、由色彩正常到色彩偏暖的变化，从而很难拍出画面影调、色彩一致的视频。而如果采用室内一般的灯光进行拍摄，灯光亮度又不够，打光效果也无法控制。所以，想录制出效果更好的视频，一些比较专业的室内灯光是必不可少的。

简单实用的平板 LED 灯

一般来讲，在拍摄视频时往往需要比较柔和的灯光，让画面中不会出现明显的阴影，并且呈现柔和的明暗过渡。而在不增加任何其他配件的情况下，平板LED灯本身就能通过大面积的灯珠打出比较柔和的光。

当然，也可以为平板LED灯增加色片、柔光板等配件，让光质和光源色产生变化。

平板 LED 灯

更多可能的 COB 影视灯

这种灯的形状与影室闪光灯非常像，并且同样带有灯罩卡口，从而让影室闪光灯可用的配件在COB影视灯上均可使用，让灯光更可控。

常用的配件有雷达罩、柔光箱、标准罩和束光筒等，可以打出或柔和、或硬朗的光线。

因此，丰富的配件和光效是更多的人选择COB影视灯的原因。有时候人们也会把COB影视灯当作主灯，把平板LED灯辅助灯当作进行组合打光。

COB 影视灯搭配柔光箱

短视频博主最爱的 LED 环形灯

如果不懂布光，或者不希望在布光上花费太多时间，只需要在面前放一盏LED环形灯，就可以均匀地打亮面部并形成眼神光了。

当然，LED环形灯也可以配合其他灯光使用，让面部光影更均匀。

环形灯

用氛围灯让视频更美观

前面讲解的灯光基本上只有将场景照亮的作用，但如果想让场景更美观，那么还需要购置氛围灯，从而为视频画面增加不同颜色的灯光效果。

例如，在右图所示的场景中，笔者的身后使用了两盏氛围灯，一盏能够自动改变颜色，一盏是恒定的暖黄色。下面展示的 3 个主播背景，同样使用了不同的氛围灯。

要布置氛围灯可以直接在电商网站上以“氛围灯”为关键词进行搜索，找到不同类型的灯具，也可以用“智能 LED 灯带”为关键词进行搜索，购买可以按自己的设计布置成为任意形状的灯带。

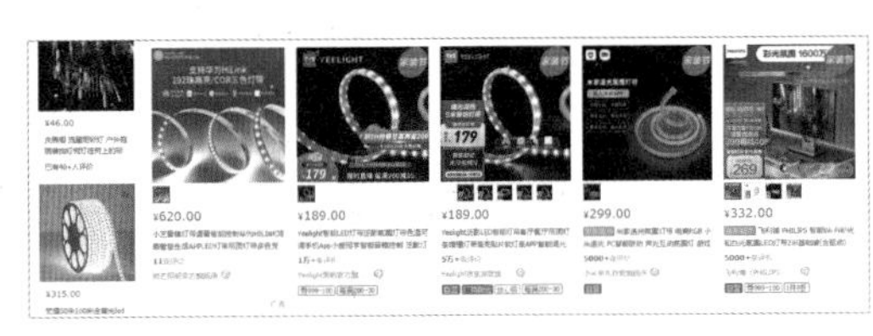

用外接电源进行长时间录制

在进行持续的长时间视频录制时，一块电池的电量很有可能不够用。而如果更换电池，则势必会导致拍摄中断。为了解决这个问题，各位可以使用外接电源进行连续录制。

由于外接电源可以使用充电宝进行供电，因此只需购买一块大容量的充电宝，就可以大大延长视频录制时间。

另外，如果在室内固定机位进行录制，还可以选择直接连接插座的外接电源进行供电，从而完全避免在长时间拍摄过程中出现电量不足的问题。

▲可直连插座的外接电源

▲可连接移动电源的外接电源

▲通过电源用充电宝给相机供电

第12章 12 拍视频必学镜头语言与分镜头脚本

推镜头的 6 大作用

强调主体

推镜头是指镜头从全景或别的大景位由远及近，向被摄对象推进拍摄，最后使景别逐渐变成近景或特写镜头，最常用于强调画面的主体。例如，下面的组图展示了一个通过推镜头强调居中在讲解的女孩的效果。

突出细节

推镜头可以通过放大来突出事物细节或人物表情、动作，从而使观众得以知晓剧情的重点在哪里，以及人物对当前事件的反应。例如，在早期的很多谈话类节目中，当被摄对象谈到伤心处，摄影师都会推上一个特写，展现含满泪花的眼睛。许多影视作品也都非常重视对细节的刻画。例如，《琅琊榜》中梅长苏手捻衣服的细节动作，《悬崖之上》电影中烟头、镜子上的标记等，甚至可以说如果没有细节，那么有些剧情就无法向下推进。

引入角色及剧情

推镜头这种景别逐渐变小的运镜方式进入感极强，也常被用于视频的开场，在交代地点、时间、环境等信息后，正式引入主角或主要剧情。许多导演都会把开场的任务交给气势恢宏的推镜头，从大环境逐步过渡到具体的故事场景，如徐克的《龙门飞甲》。

制造悬念

当推镜头作为一组镜头的开始镜头使用时，往往可以制造悬念。例如，一个逐渐推进角色震惊表情的镜头可以引发观众的好奇心——角色到底看到了什么才会如此震惊?

改变视频的节奏

通过改变推镜头的速度可以影响和调整画面节奏，一个缓慢向前推进的镜头给人一种冷静思考的感觉，而一个快速向前推进的镜头给人一种突然间有所醒悟、有所发现的感觉。

减弱运动感

当以全景表现运动的角色时，速度感是显而易见的。但如果以推镜头到特写的景别来表现角色，则会由于没有对比弱化运动感。

拉镜头的 6 大作用

展现主体与环境的关系

拉镜头是指摄影师通过拖动摄影器材或以变焦的方式，将视频画面从近景逐渐变换到中景甚至全景的操作，常用于表现主体与环境关系。例如，下面的拉镜头展现了模特与直播间的关系。

以小见大

例如，先特写面包店剥落的油漆、被打破的玻璃窗，然后逐渐后拉呈现一场灾难后的城市。这个镜头就可以把整个城市的破败与面包店连接起来，有以小见大的作用。

体现主体的孤立、失落感

拉镜头可以将主体孤立起来。比如，一个女人站在站台上，火车载着她唯一孩子逐渐离去，架在火车上的摄影机逐渐远离女人，就能很好地体现出她的失落感。

又或者在一间教室内，镜头从老师的特写逐渐后拉，渐渐呈现一个空荡荡的凌乱的教室，体现学生在毕业后老师的失落感。

引入新的角色

在后拉过程中，可以非常合理地引入新的角色、元素。例如，在一间办公室中，领导正在办公，通过后拉镜头的操作，将旁边整理文件的秘书引入画面，并与领导产生互动，如果空间够大，还可以继续后拉，引入坐在旁边焦急等待的办事群众。

营造反差

在后拉镜头的过程中，由于引入了新的元素，因此可以借助新元素与原始信息营造反差。例如，特写一个身着凉爽服装的女孩，镜头后拉，展现的环境却是冰天雪地。

又如，特写一个正襟危坐、西装革履的主持人，镜头拉远之后，却发现他穿的是短裤、拖鞋。

营造告别感

拉镜头从视频效果上看起来是观众在后退，从故事中抽离出去，这种退出感、终止感具有很强的告别意味，因此如果视频找不到合适的结束镜头，不妨试一下拉镜头。

摇镜头的 7 大作用

介绍环境

摇镜头是指机位固定，通过旋转摄影器材进行拍摄，分为水平摇拍及垂直摇拍。左右水平摇镜头适合拍摄壮阔的场景，如山脉、沙漠、海洋、草原和战场；上下摇镜头适用于展示人物或建筑的雄伟，也可用于展现峭壁的险峻。

模拟审视观察

摇镜头的视觉效果类似于一个人站在原地不动，通过水平或垂直转动头部，仔细观察所处的环境。摇镜头的重点不是起幅或落幅，而是在整个摇动过程中展现的信息，因此不宜过快。

强调逻辑关联

摇镜头可以暗示两个不同元素间的一种逻辑关系。例如，当镜头先拍摄角色，再随着角色的目光摇镜头拍摄衣橱，则观众就能明白两者之间的联系。

转场过渡

在一个起幅画面后，利用极快的摇摄使画面中的影像全部虚化，过渡到下一个场景，可以给人一种时空穿梭的感觉。不过，这两个场景应该在时间或地理位置上都要相距较远，才符合逻辑。

表现动感

当拍摄运动的对象时，先拍摄其由远到近的动态，再利用摇镜头表现其经过摄影机后由近到远的动态，可以很好地表现运动物体的动态、动势、运动方向和运动轨迹。

组接主观镜头

当前一个镜头表现的是一个人环视四周，下一个镜头就应该用摇镜头表现其观看到的空间，即利用摇镜头表现角色的主观视线。

强调真实性

摇镜头有时空完整性，因此更能强调真实感。例如，当拍摄一个人进飞机后，再摇镜拍摄机身上的标志，就可以强调他乘坐的是哪个航空公司的飞机，由于过程连续，因此真实、自然。

移镜头的 4 大作用

赋予画面流动感

移镜头是指拍摄时摄影机在一个水平面上左右或上下移动（在纵深方向移动则为推/拉镜头）进行拍摄，拍摄时摄影机有可能被安装在移动轨上或安装在配滑轮的脚架上，也有可能被安装在升降机上进行滑动拍摄。由于采用移镜头方式拍摄时，机位是移动的，所以画面具有一定的流动感，这会让观众感觉仿佛置身于画面中，视频画面更有艺术感染力。

展示环境

移镜头展示环境的作用与摇镜头十分相似，但由于移镜头打破了机位固定的限制，可以随意移动，甚至可以越过遮挡物展示空间的纵深感，因而移镜头表现的空间比摇镜头更有层次，视觉效果更为强烈。最常见的是在旅行过程中，将拍摄器材贴在车窗上拍摄快速后退的外景。

模拟主观视角

以移镜头的运动形式拍摄的视频画面，可以形成角色的主观视角，展示被摄角色以穿堂入室、翻墙过窗、移动逡巡的形式看到的景物。这样的画面能给观众很强的代入感，有身临其境的感受。

在拍摄商品展示、美食类视频时，常用这种运镜方式模拟仔细观察、检视的过程。此时，手持拍摄设备缓慢移动进行拍摄即可。

创造更丰富的动感

在具体拍摄时，如果拍摄条件有限，摄影师可能更多地采用简单的水平或垂直移镜拍摄，但如果有更大的团队、更好的器材，在拍摄时通常会综合使用移镜、摇镜及推拉镜头，以创造更丰富的动感视角。

跟镜头的 3 种拍摄方式

跟镜头又称“跟拍”，是跟随被摄对象进行拍摄的镜头运动方式。跟镜头可连续而详尽地表现角色在行动中的动作和表情，既能突出运动中的主体，又能交代动体的运动方向、速度、体态及其与环境的关系。按摄影机的方位可以分为前跟、后跟（背跟）和侧跟 3 种方式。

前跟常用于采访，即拍摄器材在人物前方，形成“边走边说”的效果。

体育视频通常为侧面拍摄，表现运动员运动的姿态。

后跟用于追随线索人物游走于一个大场景之中，将一个超大空间里的方方面面一一介绍清楚，同时保证时空的完整性。根据剧情，还可以表现角色被追赶、跟踪的效果。

升降镜头的作用

上升镜头是指相机的机位慢慢升起，从而表现被摄体的高大。在影视剧中，也被用来表现悬念；而下降镜头的方向则与之相反。升降镜头的特点在于能够改变镜头和画面的空间，有助于增强戏剧效果。

例如，在电影《一路响叮当》中，使用了升镜头来表现高大的圣诞老人角色。

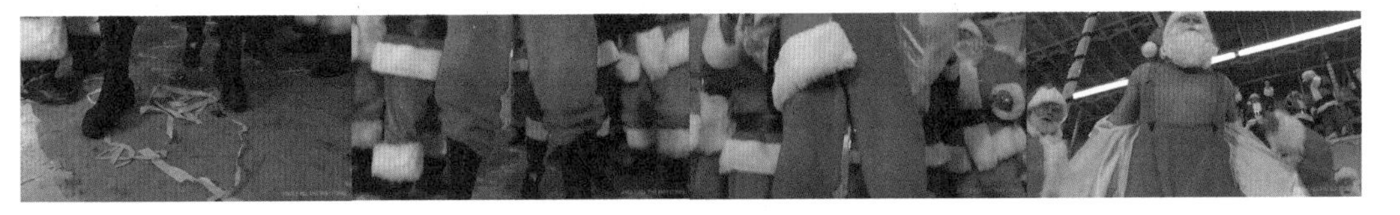

在电影《盗梦空间》中，使用升镜头表现折叠起来的城市。

需要注意的是，不要将升降镜头与摇镜头混为一谈。比如，机位不动，仅将镜头仰起，此为摇镜头，展现的是拍摄角度的变化，而不是高度的变化。

甩镜头的作用

甩镜头是指一个画面拍摄结束后，迅速旋转镜头到另一个方向的镜头运动方式。由于甩镜头时，画面的运动速度非常快，所以该部分画面内容是模糊不清的，但这正好符合人眼的视觉习惯（与快速转头时的视觉感受一致），所以会给观赏者带来较强的临场感。

值得一提的是，甩镜头既可以在同一场景中的两个不同主体间快速转换，模拟人眼的视觉效果；也可以在甩镜头后直接接入另一个场景的画面（通过后期剪辑进行拼接），从而表现同一时间，不同空间中并列发生的事情，此法在影视剧制作中经常出现。在电影《爆裂鼓手》中有一段精彩的甩镜头示范，镜头在老师与学生间不断甩动，体现了两者之间的默契与音乐的律动。

环绕镜头的作用

将移镜头与摇镜头组合起来，就可以实现一种比较炫酷的运镜方式——环绕镜头。

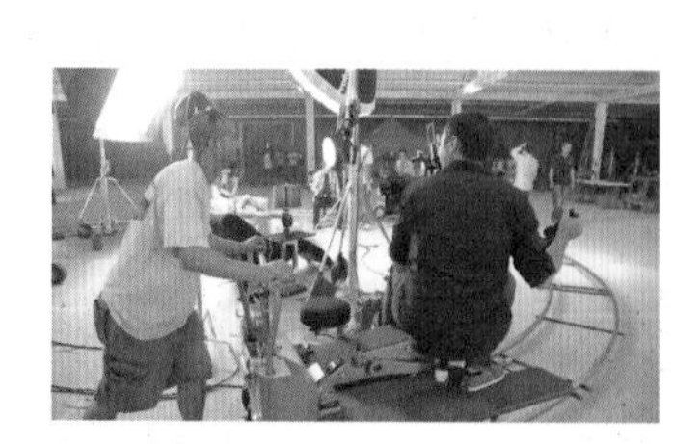

实现环绕镜头最简单的方法，就是将相机安装在稳定器上，然后手持稳定器，在尽量保持相机稳定的前提下绕人物走一圈儿，也可以使用环形滑轨。

通过环绕镜头可以 360° 全方位地展现主体，经常用于突出新登场的人物，或者展示景物的精致细节。

例如，一个领袖发表演说，摄影机在他们后面做半圆形移动，使领袖保持在画面的中央，这就突出了一个中心人物。在电影《复仇者联盟》中，当多个人员集结时，也使用了这样的镜头来表现集体的力量。

镜头语言之“起幅”与“落幅”

无论使用前面讲述的推、拉、摇、移等诸多种运动镜头中的哪一种，在拍摄时这个镜头通常都是由 3 部分组成的，即起幅、运动过程和落幅。

理解“起幅”与“落幅”的含义和作用

起幅是指在运动镜头开始时的画面。即从固定镜头逐渐转为运动镜头的过程中，拍摄的第一个画面被称为起幅。

为了让运动镜头之间的连接没有跳动感、割裂感，往往需要在运动镜头的结尾处逐渐转为固定镜头，称为落幅。

除了可以让镜头之间的连接更加自然、连贯，起幅和落幅还可以让观赏者在运动镜头中看清画面中的场景。其中起幅与落幅的时长一般为 1 秒左右，如果画面信息量比较大，如远景镜头，则可以适当延长时间。

在使用推、拉、摇、移等运镜手法进行拍摄时，都以落幅为重点，落幅画面的视频焦点或重心是整个段落的核心。

如右侧图中上方为起幅，下方为落幅。

起幅与落幅的拍摄要求

由于起幅和落幅是固定镜头，考虑到画面美感，在构图时要严谨。尤其是在拍摄到落幅阶段时，镜头停稳的位置、画面中主体的位置和所包含的景物均要进行精心设计。

如右侧图上方起幅使用 V 形构图，下方落幅使用水平线构图。

停稳的时间也要恰到好处。过晚进入落幅，则在与下一段起幅衔接时会出现割裂感，而过早进入落幅，又会导致镜头停滞时间过长，让画面显得僵硬、死板。

在镜头开始运动和停止运动的过程中，镜头速度的变化要尽量均匀、平稳，从而让镜头衔接更加自然、顺畅。

空镜头、主观镜头与客观镜头

空镜头的作用

空镜头又称景物镜头，根据镜头所拍摄的内容，可分为写景空镜头和写物空镜头。写景空镜头多为全景、远景，也称为风景镜头；写物空镜头则大多为特写和近景。

空镜头的作用有渲染气氛，也可以用来借景抒情。

例如，当在一档反腐视频节目结束时，旁白是“留给他的将是监狱中的漫漫人生”，画面是监狱高墙及墙上的电网，并且随着背景音乐逐渐模糊直到黑场。这个空镜头暗示了节目主人公余生将在高墙内度过，未来的漫漫人生将是灰暗的。

此外，还可以利用空镜头进行时空过渡。

镜头一：中景，小男孩走出家门。

镜头二：全景，森林。

镜头三：近景，树木局部。

镜头四：中景，小男孩在森林中行走。

在这组镜头中，镜头二与三均为空镜，很好地起到了时空过渡的效果。

客观镜头的作用

客观镜头的视点模拟的是旁观者或导演的视点，对镜头所展示的事情不参与、不判断、不评论，只是让观众有身临其境之感，所以也称为中间镜头。

新闻报道就大量使用了客观镜头，只报道新闻事件的状况、发生的原因和造成的后果，不作任何主观评论，让观众去评判、思考。画面是客观的，内容是客观的，记者立场也是客观的，从而达到新闻报道客观、公正的目的。例如，下面是一个记录白天鹅栖息地的纪录片截图。

客观镜头的客观性包括两层含义。

客观反映对象自身的真实性。

对拍摄对象的客观描述。

主观镜头的作用

从摄影的角度来说，主观性镜头就是摄影机模拟人的观察视角，视频画面展现人观察到的情景，这样的画面具有较强的代入感，也被称为第一视角画面。

例如，在电影中，当角色通过望远镜观察时，下一个镜头通常都会模拟通过望远镜观看到的景物，这就是典型的第一视角主观性镜头。

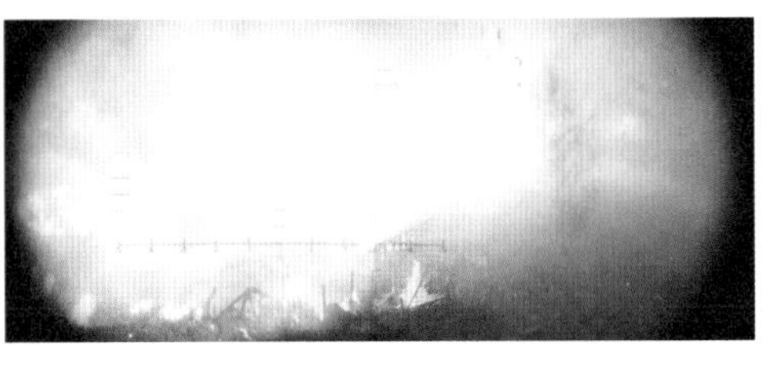

网络上常见的美食制作讲解、台球技术讲解、骑行风光、跳伞、测评等类型的视频，多数采用主观性镜头。在拍摄这样的主观镜头时，多数采用将 GoPro 等便携式摄像设备固定在拍摄者身上的方式，有时也会采用手持式拍摄，因为画面的晃动能更好地模拟一个人的运动感，将观众带入情节画面。

在拍摄剧情类视频时，一个典型的主观镜头，通常是由一组镜头构成的，以告诉观众谁在看、看什么、看到后的反应及如何看。

回答这 4 个问题可以安排下面这样一组镜头。

一镜是人物的正面镜头，这个镜头要强调看的动作，回答是谁在看。

二镜是人物的主观性镜头，这个镜头要强调所看到的内容，回答人物在看什么。

三镜是人物的反应镜头，这个镜头侧重强调看到后的情绪，如震惊、喜悦等。

四镜是带关系的主观镜头，一般是将拍摄器材放在人物的后面，以高于肩膀的高度拍摄。这个镜头提示看与被看的关系，体现二者的空间关系。

了解拍摄前必做的分镜头脚本

通俗地说，分镜头脚本就是将一段视频包含的每一个镜头拍什么、怎么拍，先用文字写出来或画出来（有人会利用简笔画表明分镜头脚本的构图方法），也可以理解为拍视频之前的计划书。

对于影视剧的拍摄，分镜头脚本有着严格的绘制要求，是前期拍摄和后期剪辑的重要依据，并且需要经过专业的训练才能完成。但作为普通摄影爱好者，大多数都以拍摄短视频或者 VlOG 为目的，因此只需了解其作用和基本撰写方法即可。

分镜头脚本的作用

指导前期拍摄

即便是拍摄一条长度仅为 10 秒左右的短视频，通常也需要 3 ~ 4 个镜头来完成。那么 3 个或 4 个镜头计划怎么拍，就是分镜脚本中应该写清楚的内容。这样可以避免到了拍摄场地后现场构思，既浪费时间，又可能因为思考时间太短，而得不到理想的画面。

值得一提的是，虽然分镜头脚本有指导前期拍摄的作用，但不要被其所束缚。在实地拍摄时，如果有更好的创意，则应该果断采用新方法进行拍摄。

下面展示的徐克、姜文、张艺谋三位导演的分镜头脚本，可以看出来即便是大导演也在遵循严格的拍摄规划流程。

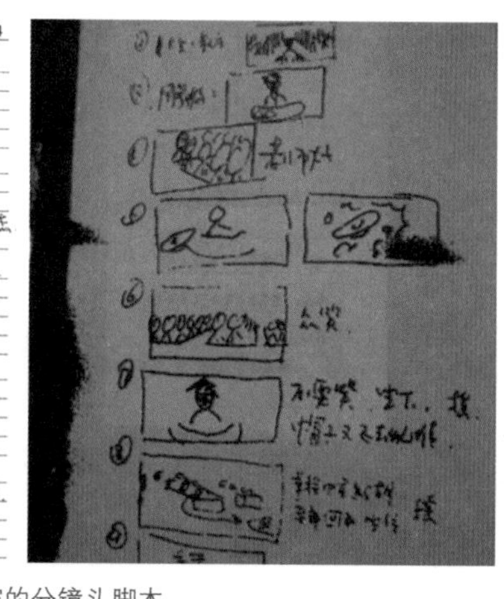
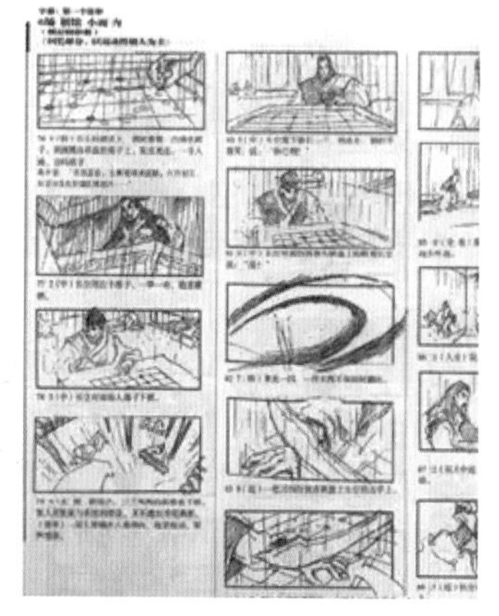

徐克、姜文、张艺谋三位导演的分镜头脚本

后期剪辑的依据

根据分镜头脚本拍摄的多个镜头，需要通过后期剪辑合并成一段完整的视频。因此，镜头的排列顺序和镜头转换的节奏都需要以分镜头脚本作为依据。尤其是在拍摄多组备用镜头后，很容易相互混淆，导致不得不花费更多的时间进行整理。

另外，由于拍摄时现场的情况很可能与预期不同，所以前期拍摄未必完全按照分镜头脚本进行。此时就需要懂得变通，抛开分镜头脚本，寻找最合适的方式进行剪辑。

分镜头脚本的撰写方法

掌握了分镜头脚本的撰写方法，也就学会了如何制订短视频或者 VlOG 的拍摄计划。

分镜头脚本应该包含的内容

一份完善的分镜头脚本应该包含镜头编号、景别、拍摄方法、时长、画面、解说和音乐 7 部分内容。下面逐一讲解每部分内容的作用。

（1）镜头编号：镜头编号代表各个镜头在视频中出现的顺序。绝大多数情况下，它也是前期拍摄的顺序（因客观原因导致个别镜头无法拍摄时，则会先跳过）。

（2）景别：景别分为全景（远景）、中景、近景和特写，用于确定画面的表现方式。

（3）拍摄方法：针对被摄对象描述镜头运用方式，是分镜头脚本中唯一对拍摄方法的描述。

（4）时长：用来预估该镜头的拍摄时长。

（5）画面：对拍摄的画面内容进行描述。如果画面中有人物，则需要描绘人物的动作、表情和神态等。

（6）解说：对拍摄过程中需要强调的细节进行描述，包括光线、构图及镜头运用的具体方法等。

（7）音乐：确定背景音乐。

提前对上述 7 部分内容进行思考并确定，整段视频的拍摄方法和后期剪辑的思路、节奏就基本确定了。虽然思考的过程比较费时，但正所谓“磨刀不误砍柴工”，做一份详尽的分镜头脚本，可以让前期拍摄和后期剪辑轻松很多。

撰写分镜头脚本实践

了解了分镜头脚本所包含的内容后，就可以尝试自己进行撰写了。这里以在海边拍摄一段短视频为例，向读者介绍分镜头脚本的撰写方法。

由于分镜头脚本是按不同镜头进行撰写的，所以一般都以表格的形式呈现。但为了便于介绍撰写思路，会先以成段的文字进行讲解，最后通过表格呈现最终的分镜头脚本。

首先整段视频的背景音乐统一确定为陶喆的《沙滩》，然后再通过分镜头讲解设计思路。

镜头 1：人物在沙滩上散步，并在旋转过程中让裙子散开，表现出在海边散步的惬意。所以“镜头 1”利用远景将沙滩、海水和人物均纳入画面中。为了让人物在画面中显得比较突出，应穿着颜色鲜艳的服装。

镜头 2：由于“镜头 3”中将出现新的场景，所以将“镜头 2”设计为一个空镜头，单独表现“镜头 3”中的场地，让镜头彼此之间具有联系，起到承上启下的作用。

镜头 3：经过前面两个镜头的铺垫，此时通过在垂直方向上拉镜头的方式，让镜头逐渐远离人物，表现出栈桥的线条感与周围环境的空旷、大气之美。

镜头 4：最后一个镜头则需要将画面拉回到视频中的主角——人物身上。同样通过远景来表现，同时兼顾美丽的风景与人物。在构图时要利用好栈桥的线条，形成透视牵引线，增强画面的空间感。

镜头 1：表现人物与海滩景色

镜头 2：表现出环境

镜头 3：逐渐表现出环境的极简美

镜头 4：回归人物

经过上述思考，就可以将分镜头脚本以表格的形式表现出来了，最终的成品参见下表。

镜号	景别	拍摄方法	时间	画面	解说	音乐
1	远景	移动机位拍摄人物与沙滩	3 秒	穿着红衣的女子在海边的沙滩上散步	采用稍微俯视的角度，表现出沙滩与海水，女子可以摆动起裙子	《沙滩》
2	中景	以摇镜头的方式表现栈桥	2 秒	狭长栈桥的全貌逐渐出现在画面中	摇镜头的最后一个画面，需要栈桥透视线的灭点位于画面中央	同上
3	中景 + 远景	中景俯拍人物，采用拉镜头的方式，让镜头逐渐远离人物	10 秒	从画面中只有人物与栈桥，再到周围的海水，再到更大的空间	通过长镜头，以及拉镜头的方式，让画面中逐渐出现更多的内容，引起观赏者的兴趣	同上
4	远景	以固定机位拍摄	7 秒	女子在优美的栈桥上翩翩起舞	利用栈桥让画面更具空间感。人物站在靠近镜头的位置，使其占据一定的画面比例	同上

第13章 13 佳能及索尼相机录制视频方法

设置相机录制视频时的拍摄模式

与拍摄照片一样，拍摄视频时也可以采用多种不同的曝光模式，如自动曝光模式、光圈优先曝光模式、快门优先曝光模式、全手动曝光模式等。

如果对于曝光要素不太理解 ，可以直接设置为自动曝光或程序自动曝光模式。

如果希望精确控制画面的亮度，可以将拍摄模式设置为全手动曝光模式。但在这种拍摄模式下，需要摄影师手动控制光圈、快门和感光度三个要素，下面分别讲解这三个要素的设置思路。

光圈：如果希望拍摄的视频场景具有电影效果，可以将光圈设置得稍微大一点，如F2.8、F2等，从而虚化背景获得浅景深效果。反之，如果希望拍摄出来的视频画面远近都比较清晰，就需要将光圈设置得稍微小一点，如 F12、F16 等。

感光度：在设置感光度的时候，主要考虑的是整个场景的光照条件，如果光照不是很充分，可以将感光度设置得稍微大一点，但此时画面噪点会增加，反之则可以降低感光度，以获得较为优质的画面。

快门速度对于视频的影响比较大，在下面做详细讲解。

理解相机快门速度与视频录制的关系

在曝光三要素中，光圈、感光度无论在拍摄照片还是拍摄视频时，其作用都是一样的，但唯独快门速度对于视频录制有着特殊的意义，因此值得详细讲解。

根据帧频确定快门速度

从视频效果来看，大量摄影师总结出来的经验是应该将快门速度设置为帧频 2 倍的倒数。此时录制出来的视频中运动物体的表现是最符合肉眼观察效果的。

比如视频的帧频为 25P，那么快门速度应设置为 1/50 秒（25 乘以 2 等于 50，再取倒数，为 1/50）。同理，如果帧频为 50P，则快门速度应设置为 1/100 秒。

但这并不是说，在录制视频时，快门速度只能锁定不变。在一些特殊情况下，需要利用快门速度调节画面亮度时，在一定范围内进行调整是没有问题的。

快门速度对视频效果的影响

降低快门速度提升画面亮度

在昏暗环境下录制视频时，如图所示，可以适当降低快门速度以保证画面亮度。

但需要注意的是当降低快门速度时，快门速度也不能低于帧频的倒数。有些相机，例如佳能也无法设置比 1/25 秒还低的快门速度，因为佳能相机在录制视频时会自动锁定帧频倒数为最低快门速度。

昏暗环境下录制视频

提高快门速度改善画面流畅度

提高快门速度时，可以使画面更流畅，但需要指出的是当过高时，由于每一个动作都会被清晰定格，从而导致画面看起来很不自然，甚至会出现失真的情况。

造成此点的原因是因为人的眼睛是有视觉时滞，也就是看到高速运动的景物时，会出现动态模糊的效果。而当使用过高的快门速度录制视频时，运动模糊消失了，取而代之的是清晰的影像。比如在录制一些高速奔跑的景象时，由于双腿每次摆动的画面都是清晰的，就会看到很多只腿的画面，也就导致了画面失真、不正常的情况。

因此，建议在录制视频时，快门速度最好不要高于最佳快门速度的 2 倍。

另外，当快门速度提高时，也需要更大功率的照明灯具，以避免视频画面变暗。

电影画面中的人物进行速度较快的移动时，画面中出现动态模糊效果是正常的

拍摄帧频视频时推荐的快门速度

上面对于快门速度对视频的影响进行了理论性讲解，这些理论可以总结成为下面展示的一个比较简单的表格。

帧频	快门速度		
	普通短片拍摄	HDR 短片拍摄	
		P、Av、B、M 模式	Tv 模式
119.9P	1/4000-1/125	–	
100.0P	1/4000-1/100		
59.94P	1/4000-1/60		
50.00P	1/4000-1/50		
29.97P	1/4000-1/30	1/1000-1/60	1/4000-1/60
25.00P	1/4000-1/25	1/1000-1/50	1/4000-1/50
24.00P		–	
23.98P			

使用佳能微单相机录制视频的简易流程

佳能微单相机录制视频的操作基本类似，下面以使用 Canon EOS R5 相机为例，讲解简单的拍摄短片的操作基本流程。

1. 按 MODE 按钮显示拍摄模式选择界面，如果显示的是照片拍摄模式界面，需按 INFO 按钮切换到短片模式选择界面。

2. 在短片模式选择界面中，转动主拨盘可以选择以何种拍摄模式拍摄短片。如果希望手动控制短片的曝光量，将拍摄模式选择为M挡；如果希望相机自动控制短片的曝光量，将拍摄模式选择为A⁺或挡；如果希望优先光圈或快门拍摄短片，则可以将拍摄模式选择为Av或Tv，选择完后按下 SET 按钮确认。

3. 在拍摄短片前，可以通过自动或手动的方式先对主体进行对焦。在光圈优先、快门优先及手动拍摄模式下，还需调整曝光组合。

4. 按下短片拍摄按钮，即可开始录制短片。

5. 录制完成后，再次按下短片拍摄按钮结束录制。

如果使用的是 Canon EOS R6 相机，可以转动模式拨盘使图标对齐左侧白色标志，即为短片拍摄模式。通过“拍摄菜单 1”中的“拍摄模式”菜单，用户可以选择是短片自动曝光还是短片手动曝光。

有些佳能微单相机如 Canon EOS R5，支持在拍摄静止照片期间，直接按短片拍摄按钮来录制短片。在A⁺模式下录制短片会以A⁺模式进行录制，在A⁺以外的模式下录制短片会以 P 模式进行录制。

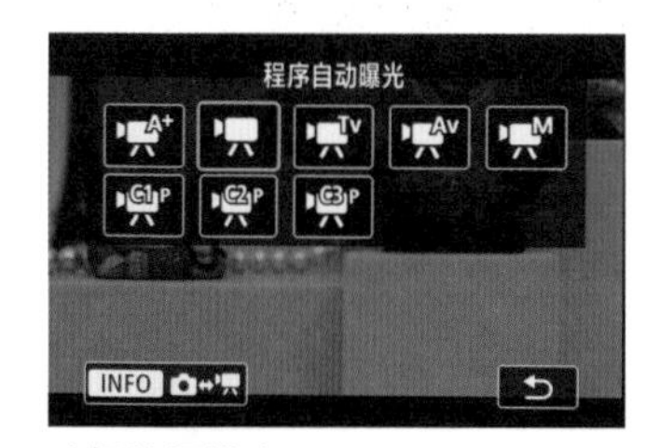

选择拍摄模式

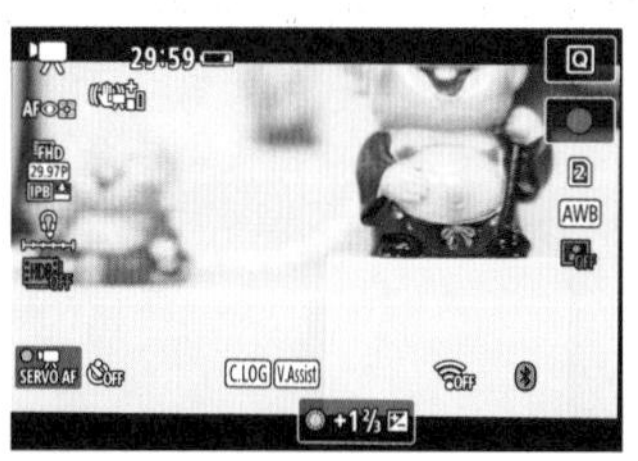

在拍摄前，可以先半按快门进行自动对焦，或者转动镜头对焦环进行手动对焦

按下红色的短片拍摄按钮，将开始录制短片，此时会在屏幕右上角显示一个红色的圆

虽然上面的流程看上去很简单，但实际上在拍摄过程中，涉及若干知识点。比如，设置视频短片参数、设置视频拍摄模式、开启并正确设置实时显示模式、开启视频拍摄自动对焦模式、设置视频对焦模式、设置视频自动对焦灵敏感度、设置录音参数及设置时间码参数等，只有理解并正确设置这些参数，才能够录制出一段合格的视频。

下面笔者将通过若干节讲解上述知识点。

了解短片拍摄状态下的信息显示

在短片拍摄模式下，屏幕会显示若干参数，了解这些参数的含义，有助于摄影师快速调整相关参数，从而提高录制视频的效率、成功率及品质。

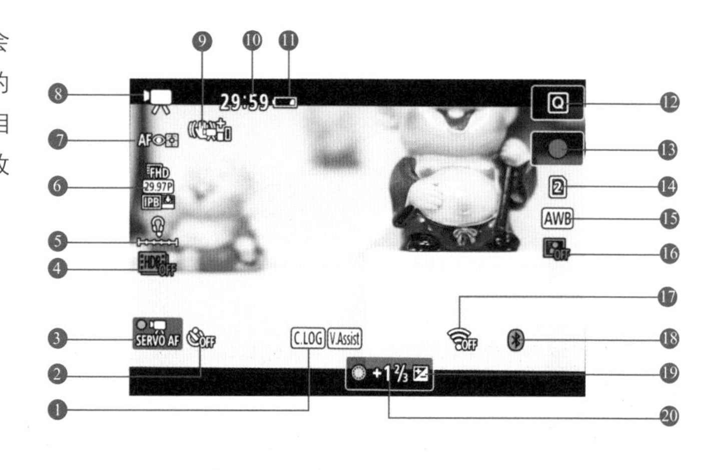

❶ Canon Log
❷ 短片自拍定时器
❸ 短片伺服自动对焦
❹ HDR短片
❺ 耳机音量
❻ 短片记录尺寸
❼ 自动对焦方式
❽ 拍摄模式
❾ 图像稳定器（IS模式）
❿ 可用的短片记录时间/已记录时间
⓫ 电池电量
⓬ 速控图标
⓭ 录制图标
⓮ 用于记录/回放的存储卡
⓯ 白平衡/白平衡校正
⓰ 自动亮度优化
⓱ Wi-Fi功能
⓲ 蓝牙功能
⓳ 曝光补偿
⓴ 曝光量指示标尺（测光等级）

在短片拍摄模式下，连续按下INFO按钮，可以在不同的信息显示内容之间进行切换。

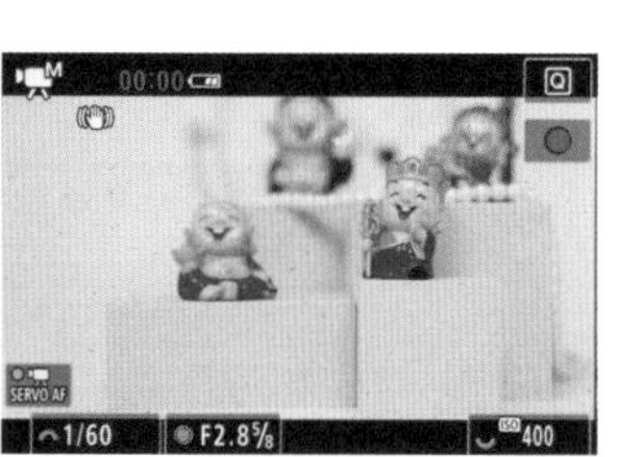

显示主要参数

显示完整参数

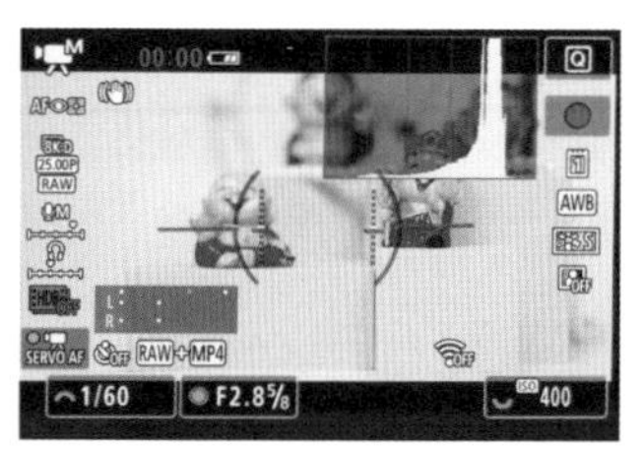

显示直方图与数字水平量规

只显示图像

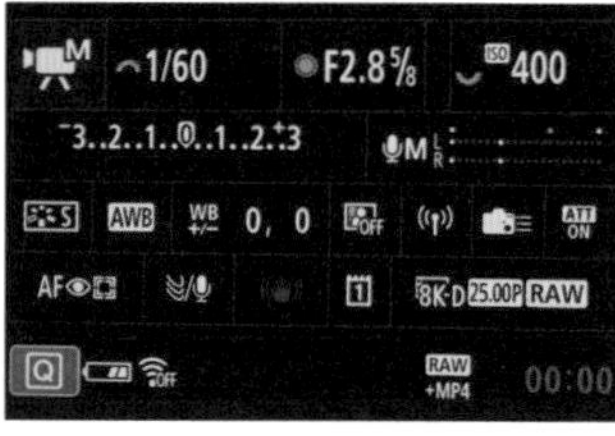

屏幕上仅显示拍摄信息（没有影像）

确定视频格式和画质

跟设置照片的尺寸、画质一样，录制视频时需要关注视频文件的相关参数。如果录制的视频只是家用的普通记录型短片，采用全高清分辨率即可，但是如果作为商业短片使用，则需要录制高帧频的4K视频。所以在录制视频之前，一定要设置好视频的参数。

Canon EOS R5是佳能首款支持8K录制的相机，最高支持以29.97P/25P的帧频机内录制分辨率为8192×4320的8K DCI短片或分辨率为7680×4320的8K UHD短片。此外，该相机还支持8K超采样生成高精细4K短片。

设定步骤

❶ 在**拍摄菜单1**中选择**短片记录画质**选项

❷ 点击选择**短片记录尺寸**选项

❸ 点击选择所需的短片记录尺寸选项，然后点击SET OK图标确定

❹ 若在步骤❷中选择了**高帧频**选项

❺ 点击选择**启用**或**关闭**选项，然后点击SET OK图标确定

❻ 若在步骤❷中选择了**4K HQ模式**选项

❼ 点击选择**启用**或**关闭**选项

▲ 启用4K HQ模式后，短片记录尺寸中的4K可选项

Canon EOS R5相机短片记录画质选项说明表			
短片记录尺寸	图像大小		
	8K-U/8K-D	4K-U/4K-D	FHD
	8K超高清画质。8K-U记录尺寸为8192×4320，长宽比为17：9；8K-D记录尺寸为7680×4320，长宽比为16：9	4K超高清画质。4K-U记录尺寸为4096×2160，长宽比为17：9；4K-D记录尺寸为3840×2160，长宽比为16：9	全高清画质。记录尺寸为1920×1080，长宽比为16：9
	帧频（帧/秒）		
	119.9P 59.94P 29.97P	100.0P 50.00P 25.00P	23.98P 24.00P
	分别以119.9帧/秒、59.94帧/秒、29.97帧/秒的帧频率记录短片。适用于电视制式为NTSC的地区（北美、日本、韩国、墨西哥等）。119.9P在启用“高帧频”功能时有效	分别以110帧/秒、50帧/秒、25帧/秒的帧频率记录短片。适用于电视制式为PAL的地区（欧洲、俄罗斯、中国、澳大利亚等）。100.0P在启用“高帧频”功能时有效	分别以23.98帧/秒和24帧/秒的帧频率记录短片，适用于电影。将视频制式设为“NTSC”时，23.98P选项可用
	压缩方法		
	ALL-I（编辑用/仅I）	IPB（标准）	IPB（轻）
	一次压缩一个帧进行记录，虽然文件尺寸会比使用IPB（标准）时更大，但更适于编辑	一次高效地压缩多个帧进行记录。由于文件尺寸比使用ALL-I（编辑用）时更小，在同样存储空间的情况下，可录制更长时间的视频	由于短片以比使用IPB时更低的比特率进行记录，因而文件尺寸更小，并且可以与更多回放系统兼容
	短片记录格式		
	RAW		MP4
	短片会以数字方式将来自图像感应器的原始的、未经处理的数据记录至存储卡中，用户可以使用DPP或其他后期编辑软件进行后期处理		当选择ALL-I、IPB（标准）或IPB（轻）压缩方法时，短片会以MP4格式存储。此格式的视频具有更广的兼容性
高帧频	选择“启用”选项，可以在4K-U/4K-D画质下，以119.9帧/秒或100.0帧/秒的高帧频录制短片		
4K HQ模式	选择“启用”选项，可使用比普通4K短片更高级别的画质录制短片		

开启短片伺服自动对焦

佳能最近几年发布的相机均具有视频自动对焦模式，即当视频中的对象移动时，能够自动对其进行跟焦，以确保被拍摄对象在视频中的影像是清晰的。

但此功能需要通过设置“短片伺服自动对焦”菜单选项来开启。

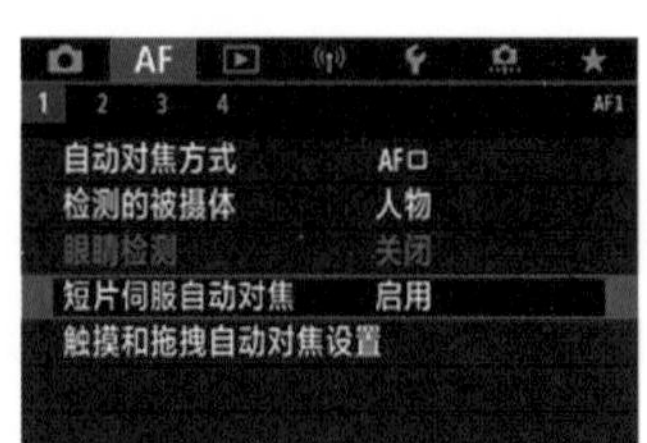
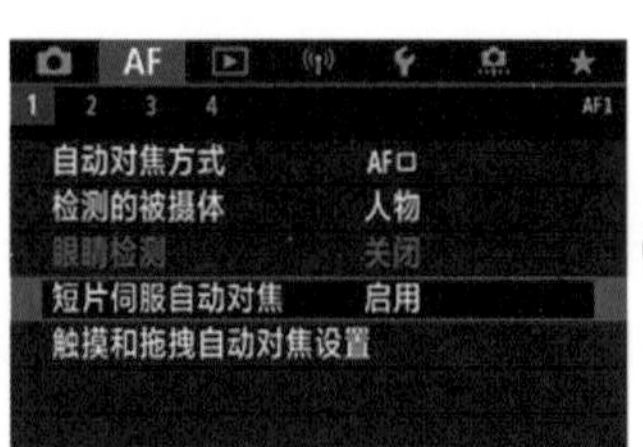

❶在**自动对焦菜单1**中选择**短片伺服自动对焦**选项

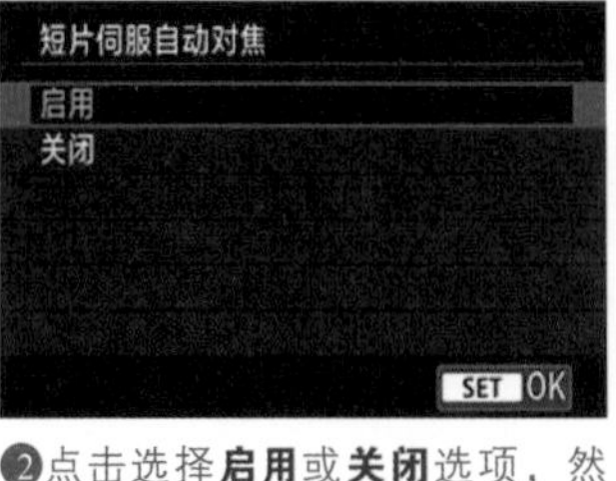

❷点击选择**启用**或**关闭**选项，然后点击SET OK图标确定

将“短片伺服自动对焦”菜单设为“启用”，即可使相机在视频拍摄期间，即使不半按快门，也能根据被摄对象的移动状态不断调整对焦，以保证始终对被摄对象进行对焦。

但在使用该功能时，相机的自动对焦系统会持续工作，当不需要跟焦被摄体，或者将对焦点锁定在某个位置时，即可通过按下赋予了“暂停短片伺服自动对焦”功能的自定义按键来暂停该功能。

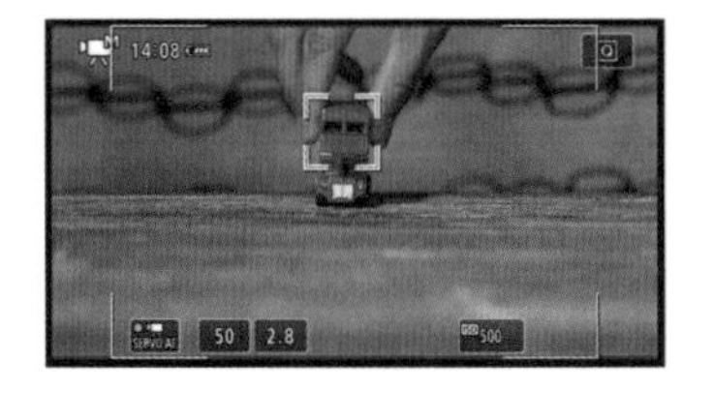

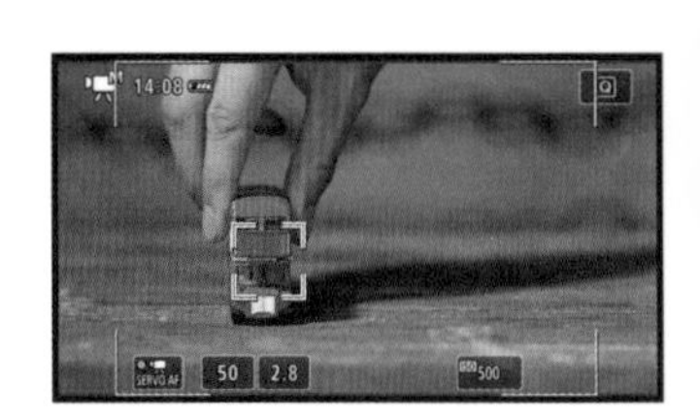

通过上面的图片可以看出，笔者拿着红色玩具小车不规则运动时，相机是能够准确跟焦的。如果将“短片伺服自动对焦”菜单设为“关闭”，那么只有通过半按快门，或者在屏幕上单击对象时，才能够进行对焦。

例如在右面的图示中，第一次对焦于左上方的安全路障，如果不再次单击其他位置的话，对焦点会一直锁定在左上方的安全路障上。单击右下方的篮球焦点后，焦点会重新对焦在篮球上。

设置视频自动对焦灵敏度

短片伺服自动对焦追踪灵敏度

当录制短片时，在使用了短片伺服自动对焦功能的情况下，可以在“短片伺服自动对焦追踪灵敏度”菜单中设置自动对焦追踪灵敏度。

灵敏度有7个等级，如果设置为偏向灵敏端的数值，那么当被摄对象偏离自动对焦点或者有障碍物从自动对焦点面前经过时，自动对焦点会对焦其他物体或障碍物。

而如果设置偏向锁定端的数值，则自动对焦点会锁定被摄对象，不会轻易对焦到别的位置。

AF	3	AF3
短片伺服自动对焦速度	-	
短片伺服自动对焦追踪灵敏度	0	
镜头电子手动对焦	⊚→OFF	
切换被追踪被摄体	1	
无法进行自动对焦时的镜头驱动	ON	
限制自动对焦方式	-	
自动对焦方式选择控制	M-Fn	

❶ 在**自动对焦菜单3**中选择**短片伺服自动对焦追踪灵敏度**选项

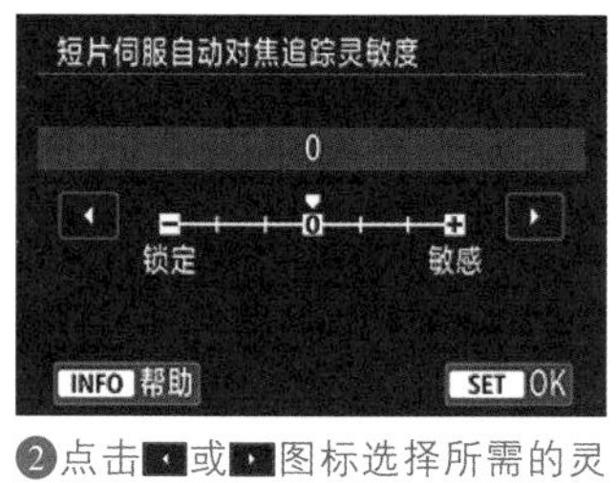

❷点击◀或▶图标选择所需的灵敏度等级，然后点击SET OK图标确定

■ 锁定（—3/—2/—1）：偏向锁定端，可以使相机在自动对焦点丢失原始被摄对象的情况下，也不太可能追踪其他被摄对象。设置的负数值越低，相机追踪其他被摄对象的概率越小。这样的设置，可以在摇摄期间或有障碍物经过自动对焦点时，防止自动对焦点立即追踪非被摄对象的其他物体。

■ 敏感（+1/+2/+3）：偏向敏感端，可以使相机在追踪覆盖自动对焦点的被摄对象时更敏感。设置的数值越高，则对焦越敏感。这样的设置，适用于想要持续追踪与相机之间的距离发生变化的运动被摄对象，或者要快速对焦其他被摄对象的录制场景。

摩托车手短暂地被其他的摄影师所遮挡

例如，在上图中，摩托车手短暂地被其他的摄影师遮挡，此时如果对焦灵敏度过高，焦点就会落在其他摄影师身上，而无法跟随摩托车手，因此这个参数一定要根据当时的拍摄情况来灵活设置。

设置录音参数并监听现场音

使用相机内置的麦克风可录制单声道声音。通过将带有立体声微型插头（直径为3.5mm）的外接麦克风连接至相机，可以录制立体声。配合“录音”菜单中的参数设置，可以实现多样化的录音控制。

录音/录音电平

选择“自动”选项，相机将会自动调节录音音量；选择“手动”选项，可以在“录音电平”界面中将录音音量的电平调节为64个等级之一，适用于高级用户；选择“关闭”选项，相机将不会记录声音。

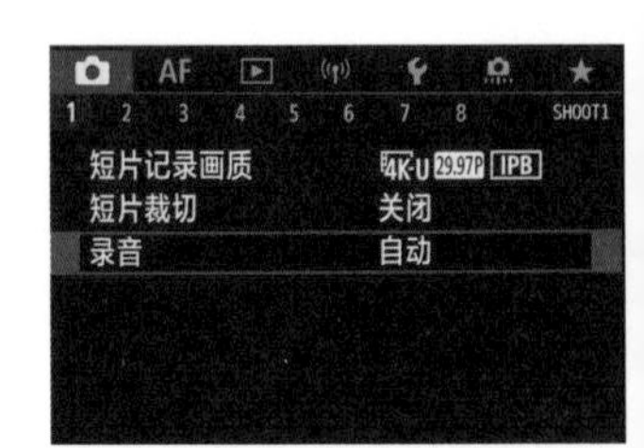

❶ 在**拍摄菜单1**中选择**录音**选项

风声抑制 / 衰减器

将“风声抑制”设置为“启用”选项，则可以降低户外录音时的风声噪声，包括某些低音调噪声（此功能只对内置麦克风有效）；在无风的场所录制时，建议选择“关闭”选项，以便能录制到更加自然的声音。

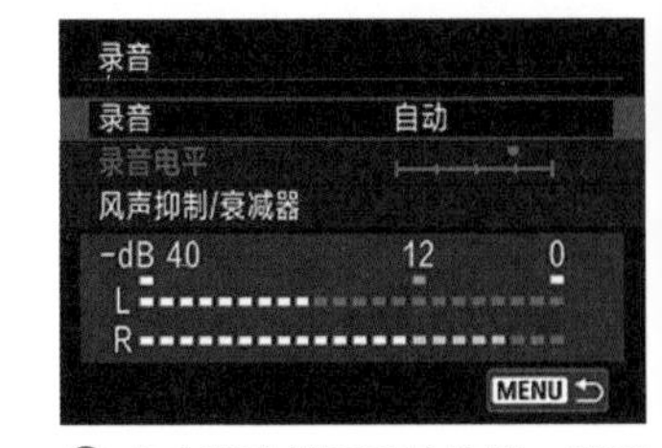

❷ 点击可选择不同的选项，即可进入修改参数界面

在拍摄前即使将“录音”设定为“自动”或“手动”，如果有非常大的声音，仍然可能会导致声音失真。在这种情况下，建议将“衰减器”设定为“启用”。

监听视频声音

在录制保留现场声音的视频时，监听视频声音非常重要，而且这种监听需要持续整个录制过程。

因为在使用收音设备时，有可能因为没有更换电池，或者其他未知因素，导致现场声音没有被录入视频。

有时，现场可能有很低的噪声，确认这种声音是否会被录入视频的方法就是在录制时监听。另外，也可以通过回放来核实。

通过将配备有 3.5mm 直径微型插头的耳机连接到相机的耳机端子上，即可在拍摄短片期间听到声音。

耳机端子

如果使用的是外接立体声麦克风，可以听到立体声声音。要调整耳机的音量，按Q按钮并选择Ω，然后转动主拨盘或速控转盘2调节音量。

设置视频短片拍摄相关参数

灵活运用相机的防抖功能

Canon EOS R5/R6 微单相机配置了图像稳定器，当在短片拍摄模式下启用相机的“影像稳定器模式”功能后，可以在短片拍摄期间以电子方式校正相机抖动，即使使用没有防抖功能的镜头，也能校正相机抖动，从而获得清晰的短片画面。

使用配备有内置光学防抖功能的镜头时，请将镜头的防抖开关置于“ON”，以获得更强大的相机防抖效果；如果将镜头的防抖开关置于“OFF”，短片数码IS功能将不起作用。

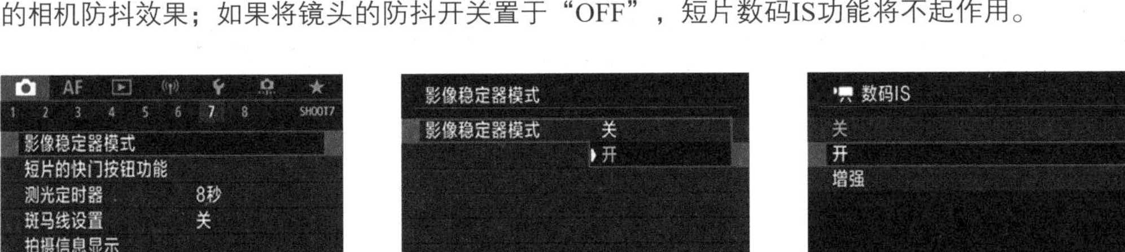

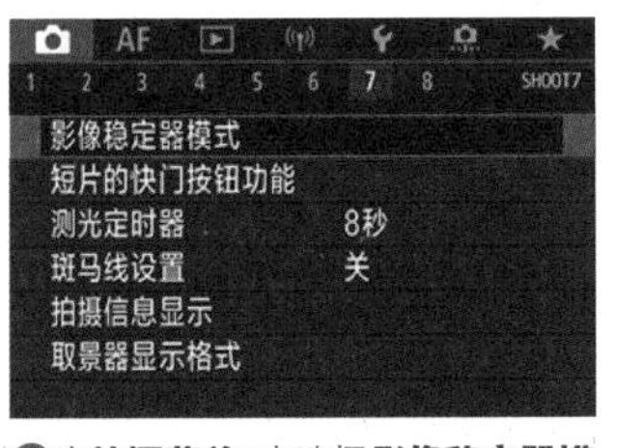

❶在**拍摄菜单7**中选择**影像稳定器模式**选项

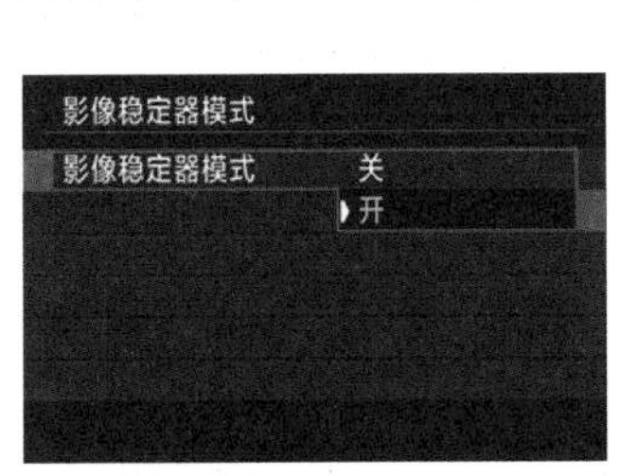

❷在**影像稳定器模式**中点击选择**开**或**关**选项

❸在**数码IS中**点击选择**开**或**关**选项，然后点击SET OK图标确定

定时自拍视频

与“自拍”驱动模式一样，在短片拍摄时，部分佳能微单相机也支持自拍。应用这个功能后，摄影师一个人也可以完成视频拍摄。

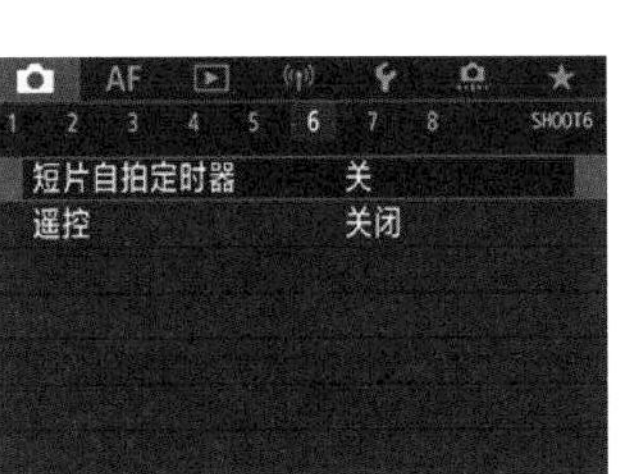

❶在**拍摄菜单6**中选择**短片自拍定时器**选项

❷点击选择**关**或**10秒**、**2秒**选项

无须后期直接拍出竖画幅视频

使用佳能微单相机录制的视频，经常会传输到智能手机或其他设备上播放观看。启用“添加旋转信息”功能，可以自动为垂直使用相机录制的视频添加方向信息，以便在智能手机或其他设备上实现同方向播放。

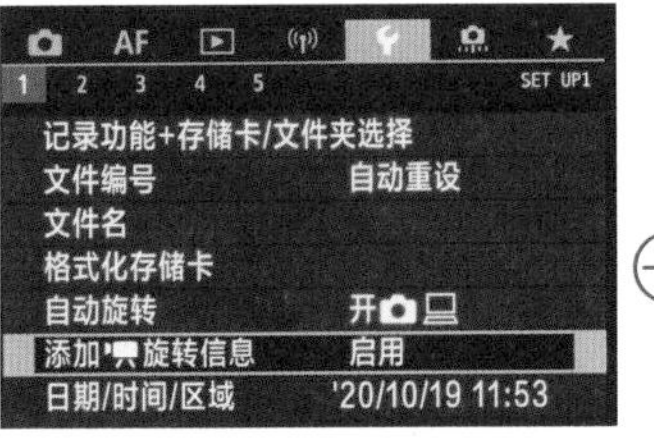

❶ 在**设置菜单1**中选择**添加旋转信息**选项

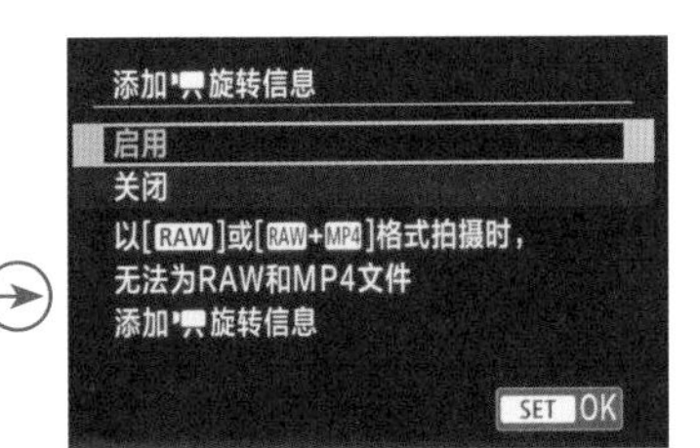

❷ 点击选择**启用**或**关闭**选项，然后点击SET OK图标确定

利用斑马线定位过亮或过暗区域

拍摄照片时有高光警告提示曝光区域，而使用Canon EOS R5/R6相机录制视频时，同样提供了能帮助用户查看画面曝光的斑马线。通过“斑马线设置”菜单，用户可以指定在什么亮度级别的图像区域上方或周围显示斑马线图案，从而精确定位过暗或过亮的区域。

❶在**拍摄菜单7**中选择**斑马线设置**选项

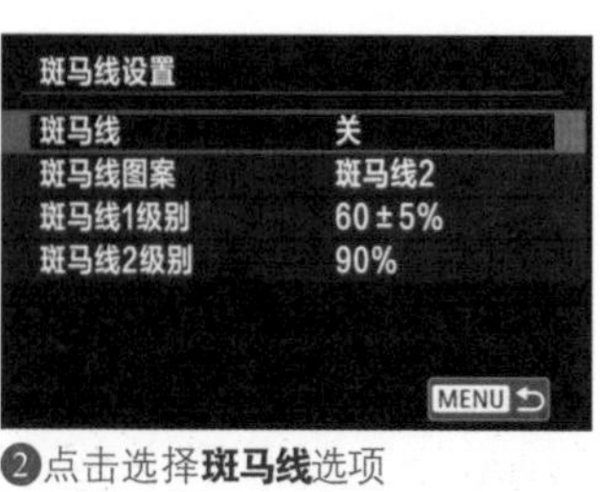

❷点击选择**斑马线**选项

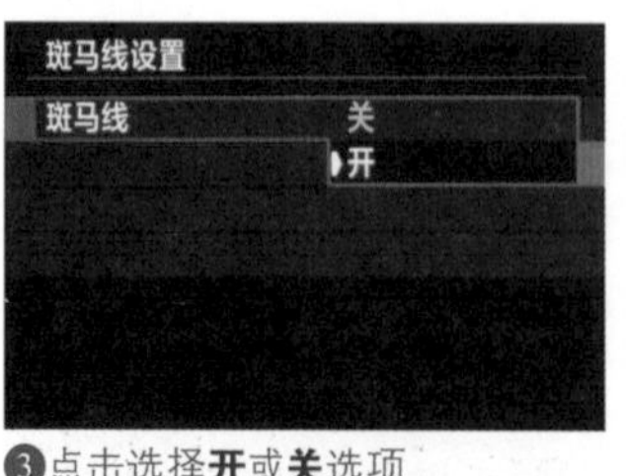

❸点击选择**开**或**关**选项

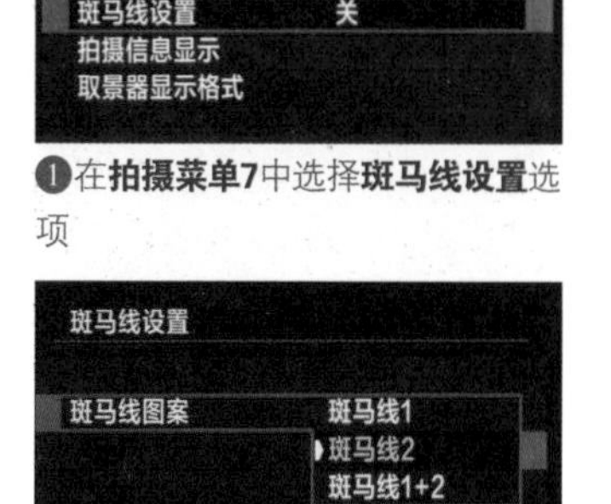

❹若在步骤❷中选择了**斑马线图案**选项，在此可以选择显示哪种斑马线

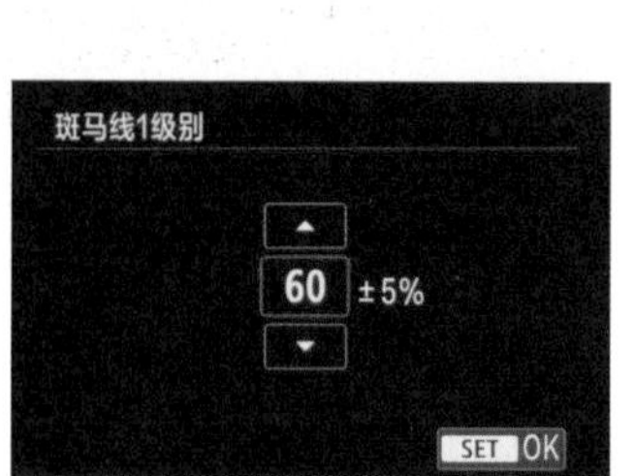

❺若在步骤❷中选择了**斑马线1级别**选项，在此可以选择斑马线1的显示级别

❻若在步骤❷中选择了**斑马线2级别**选项，在此可以选择斑马线2的显示级别

斑马线1的显示效果

斑马线2的显示效果

- 斑马线：选择“开”选项，启用斑马线功能；选择“关”选项，则不启用斑马线功能。
- 斑马线图案：可以选择斑马线 1、斑马线 2 或斑马线 1+2 的显示模式。选择“斑马线 1”选项，在具有指定亮度的区域周围显示向左倾斜的条纹；选择“斑马线 2”选项，在超过指定亮度的区域周围显示向右倾斜的条纹；选择“斑马线 1+2”选项，将同时显示两种斑马线，当两种区域重叠时，将显示重叠的斑马线。
- 斑马线 1 级别：设定斑马线 1 的显示级别。当超过设定的数值时，画面中即显示斑马线 1。
- 斑马线 2 级别：设定斑马线 2 的显示级别。当超过设定的数值时，画面中即显示斑马线 2。

用索尼相机录制视频时的简易流程

下面以SONY α7 RⅣ相机为例，讲解拍摄视频短片的简单流程。

❶ 设置视频文件格式及记录设置菜单选项。

❷ 切换相机的照相模式为S或M挡或其他模式。

❸ 通过自动或手动的方式先对主体进行对焦。

❹ 按下红色MOVIE按钮开始录制短片，录制完成后，再次按下红色的MOVIE按钮。

选择合适的曝光模式

按下红色的MOVIE按钮即可开始录制

在拍摄前，可以先进行对焦

在视频拍摄模式下，屏幕会显示若干参数，了解这些参数的含义，有助于摄影师快速调整相关参数，以提高录制视频的效率、成功率及品质。

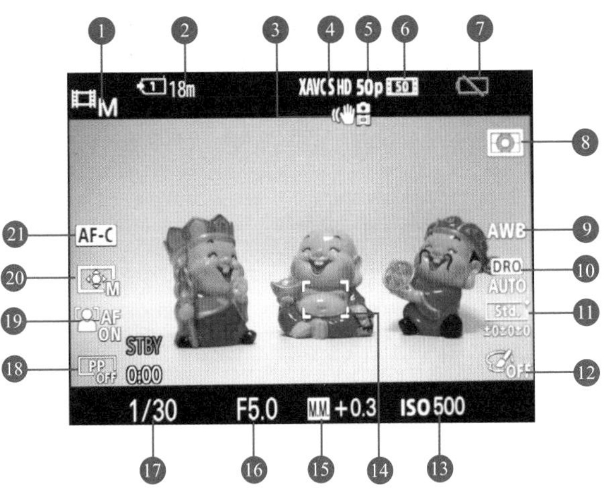

❶ 照相模式
❷ 动态影像的可拍摄时间
❸ SteadyShot关/开
❹ 动态影像的文件格式
❺ 动态影像的帧速率
❻ 动态影像的记录设置
❼ 剩余电池电量
❽ 测光模式
❾ 白平衡模式
❿ 动态范围优化
⓫ 创意风格
⓬ 照片效果
⓭ ISO感光度
⓮ 对焦框
⓯ 曝光补偿
⓰ 光圈值
⓱ 快门速度
⓲ 图片配置文件
⓳ AF时人脸/眼睛优先
⓴ 对焦区域模式
㉑ 对焦模式

虽然上面的流程看上去很简单，但实际上在这个过程中涉及若干知识点，如果希望深入研究，建议选择更专业的摄影摄像类图书进行学习。

索尼相机录视频时视频格式、画质设置方法

设置文件格式（视频）

在“文件格式”菜单中可以选择以下3个选项。

- XAVC S 4K：以4K分辨率记录XAVC S标准的25P视频。
- XAVC S HD：记录XAVC S标准视频。
- AVCHD：以AVCHD格式录制50i视频。

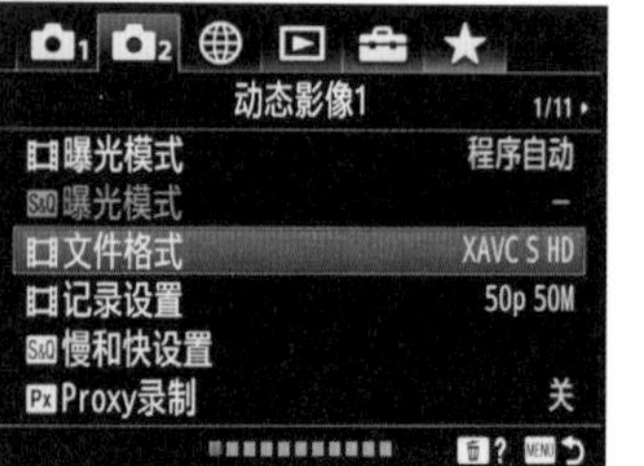

❶ 在**拍摄设置2菜单**的第1页中选择**文件格式**选项

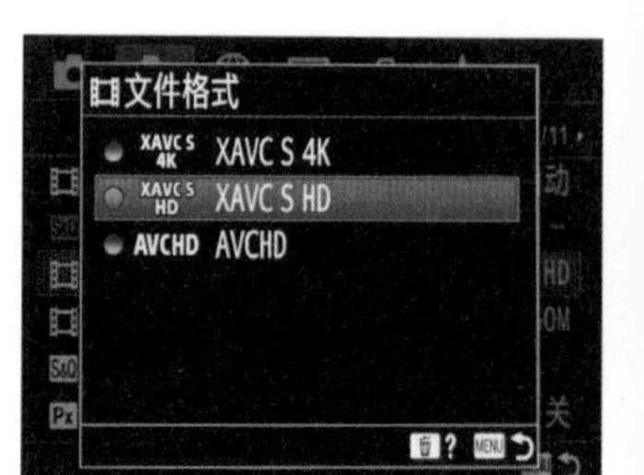

❷ 按▼或▲方向键选择所需文件格式选项

设置“记录设置”

在“记录设置”菜单中可以选择录制视频的帧速率和影像质量，以SONY α RⅣ微单相机为例，视频记录尺寸如下表所示。

❶ 在**拍摄设置2菜单**的第1页中选择**记录设置**选项

❷ 按▼或▲方向键选择所需选项

文件格式：XAVC S 4K	平均比特率	记录
25P 100M	100Mbps	录制3840×2160（25P）尺寸的最高画质视频
25P 60M	60Mbps	录制3840×2160（25P）尺寸的高画质视频
文件格式：XAVC S HD	**平均比特率**	**记录**
50P 50M	50Mbps	录制1920×1080（50P）尺寸的高画质视频
50P 25M	25Mbps	录制1920×1080（50P）尺寸的高画质视频
25P 50M	50Mbps	录制1920×1080（25P）尺寸的高画质视频
25P 16M	16Mbps	录制1920×1080（25P）尺寸的高画质视频
100P 100M	100Mbps	录制1920×1080（100P）尺寸的视频，使用兼容的编辑设备，可以制作更加流畅的慢动作视频
100P 60M	60Mbps	录制1920×1080（100P）尺寸的视频，使用兼容的编辑设备，可以制作更加流畅的慢动作视频
文件格式：AVCHD	**平均比特率**	**记录**
50i 24M（FX）	24 Mbps	录制1920×1080（50i）尺寸的高画质视频
50i 17M（FH）	17 Mbps	录制1920×1080（50i）尺寸的标准画质视频

索尼相机录视频设置对焦模式方法

在拍摄视频时，有两种对焦模式可供选择，一种是连续自动对，另一种是手动对焦。

在连续自动对焦模式下，只要保持半按快门按钮，相机就会对被摄对象持续对焦，合焦后，屏幕将点亮◉图标。

当用自动对焦无法对想要的被摄体合焦时，建议改用手动对焦进行操作。

在拍摄视频时，可以根据要选择对象或对焦需求，选择不同的自动对焦区域模式，索尼相机在视频模式下可以选择5种自动对焦区域模式。

▲ 在拍摄待机屏幕显示下，按Fn按钮，然后按▲▼◀▶方向键选择对焦模式选项，转动前/后转盘选择所需对焦模式

- 广域自动对焦区域：选择此对焦区域模式后，在执行对焦操作时，相机将利用自己的智能判断系统，决定当前拍摄的场景中哪个区域应该最清晰，从而利用相机可用的对焦点针对这一区域进行对焦。
- 区自动对焦区域：使用此对焦区域模式时，先在液晶显示屏上选择想要对焦的区域位置，对焦区域内包含数个对焦点，在拍摄时，相机自动在所选对焦区范围内选择合焦的对焦框。此模式适合拍摄动作幅度不大的题材。
- 中间自动对焦区域：使用此对焦区域模式时，相机始终使用位于屏幕中央区域的自动对焦点进行对焦。此模式适合拍摄主体位于画面中央的题材。

▲ 在拍摄待机屏幕显示下，按Fn按钮，然后按▲▼◀▶方向键选择对焦区域选项，按控制拨轮中央按钮进入详细设置界面，然后按▲或▼方向键选择对焦区域选项。当选择了自由点选项时，按◀或▶方向键选择所需选项

- 自由点自动对焦区域：选择此对焦区域模式时，相机只使用一个对焦点进行对焦操作，而且摄影师可以自由确定此对焦点所处的位置。拍摄时使用多功能选择器的上、下、左、右，可以将对焦框移动至被摄主体需要对焦的区域。此对焦区域模式适合拍摄需要精确对焦，或对焦主体不在画面中央位置的题材。
- 扩展自由点自动对焦区域：选择此对焦区域模式时，摄影师可以使用多功能选择器的上、下、左、右选择一个对焦点，与自由点模式不同的是，摄影师所选的对焦点周围还分布一圈辅助对焦点，若拍摄对象暂时偏离所选对焦点，则相机会自动使用周围的对焦点进行对焦。此对焦区域模式适合拍摄可预测运动趋势的对象。

索尼相机录视频设置对焦灵敏度

AF跟踪灵敏度

当录制视频时，可通过此菜单设置对焦的灵敏度。

选择“标准”选项，在有障碍物出现或有人横穿从而遮挡被拍摄对象时，相机将忽略障碍对象，继续跟踪对焦被摄对象，选择“响应”选项，则相机会忽视原被拍摄对象，转而对焦于障碍对象。

❶ 在**拍摄设置2菜单**的第2页中选择**AF跟踪灵敏度**选项

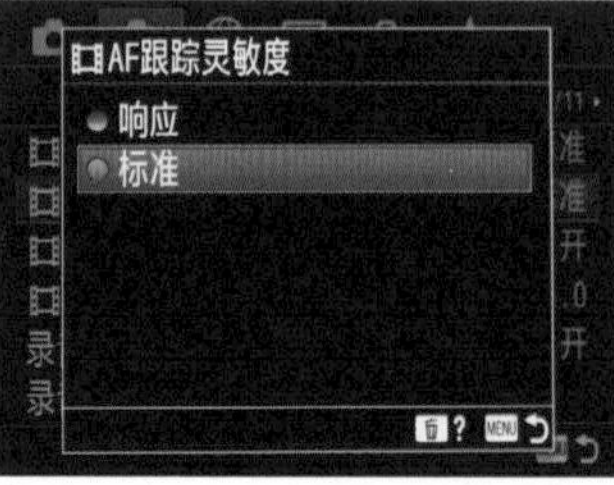

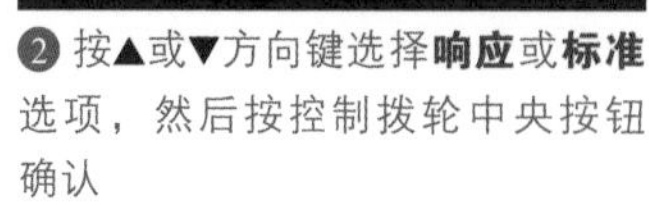

❷ 按▲或▼方向键选择**响应**或**标准**选项，然后按控制拨轮中央按钮确认

拍摄篮球比赛时，运动员位置变换不定，设置“响应”选项，可以让对焦变换到新运动员身上。

AF驱动速度

在“AF驱动速度”菜单中，可以设置录制视频时自动对焦的速度。

在录制体育运动等运动幅度很强的画面时，可以设定为“高速”，而如果想要在被摄体移动期间平滑地进行对焦时，则设定为“低速”。

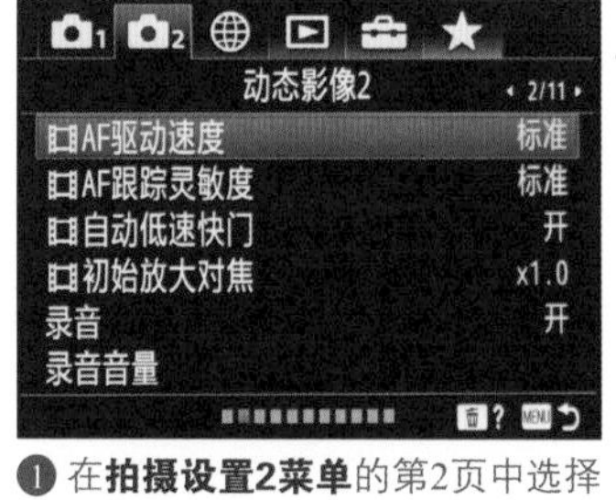

❶ 在**拍摄设置2菜单**的第2页中选择**AF驱动速度**选项

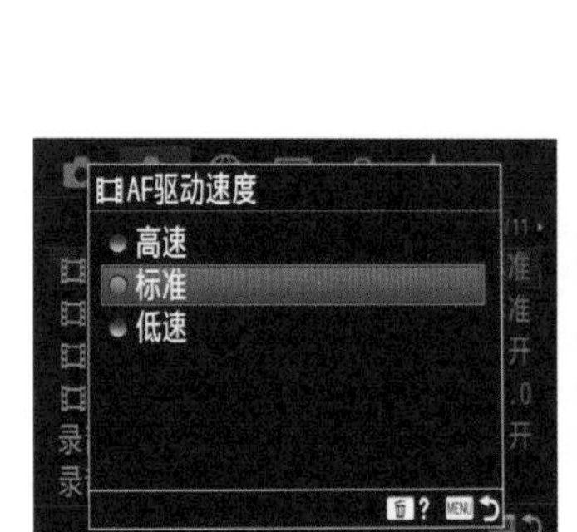

❷ 按▲或▼方向键选择**高速**、**标准**或**低速**选项，然后按控制拨轮中央按钮确认

索尼相机录视频设置录音参数

设置录音

以SONY α7 RⅣ微单相机例，在录制视频时，可以通过“录音”菜单设置是否录制现场的声音。

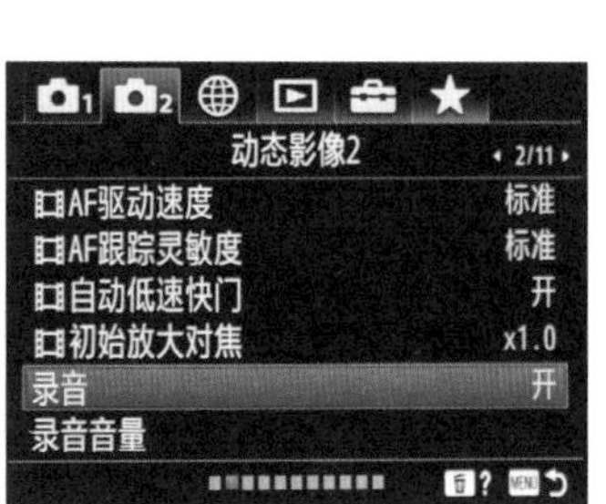
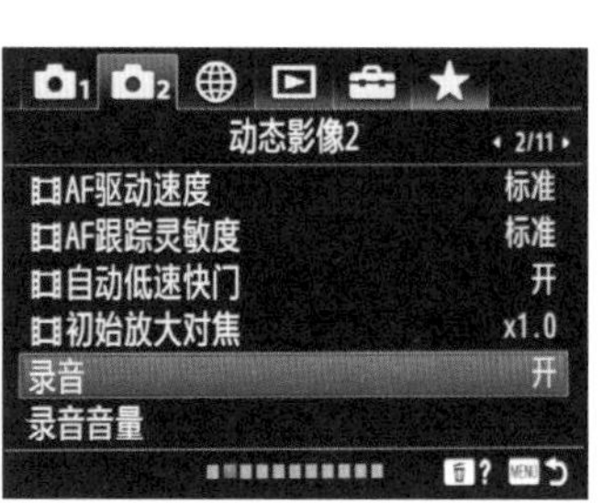

❶ 在**拍摄设置2菜单**的第2页中选择**录音**选项

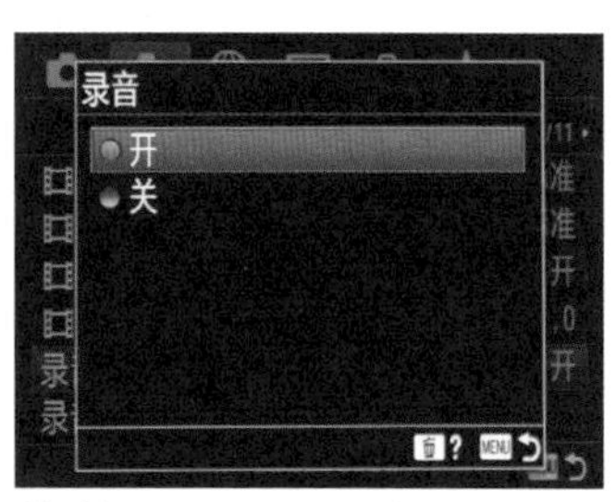

❷ 按▼或▲方向键选择**开**或**关**选项，然后按控制拨轮中央按钮

设置录音音量

当开启录音功能时，可以通过“麦克风”菜单设置录音的等级。

在录制现场声音较大的视频时，设定较低的录音电平可以记录具有临场感的音频。

录制现场声音较小的视频时，设定较高的录音电平可以记录容易听取的音频。

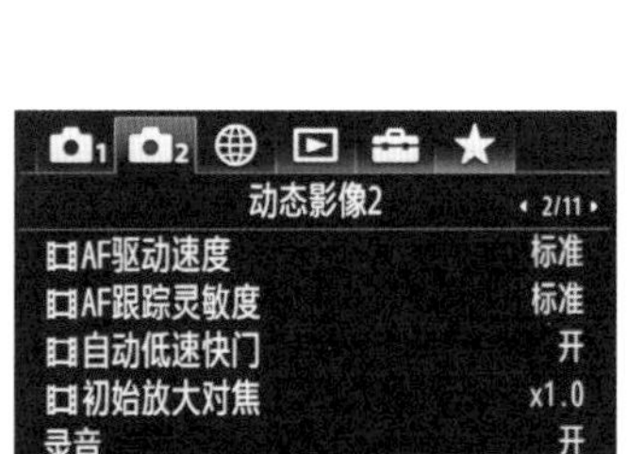
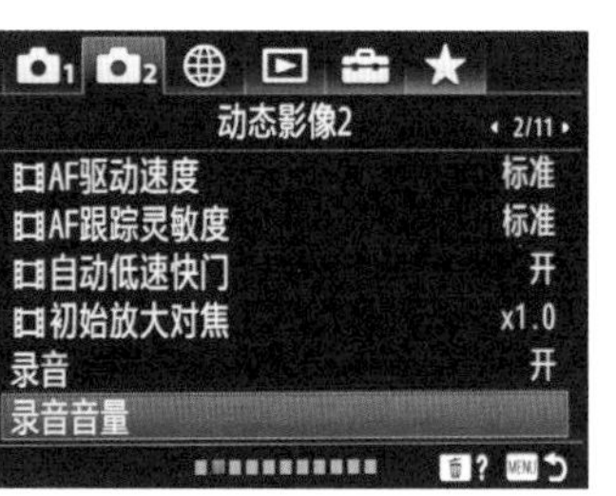

❶ 在**拍摄设置2菜单**的第2页中选择**录音音量**选项

❷ 按◀或▶方向键选择所需等级，然后按控制拨轮中央按钮确定

减少风噪声

选择“开”选项，可以减弱通过内置麦克风进入的室外风声噪声，包括某些低音调噪声；在无风的场所进行录制时，建议选择“关”选项，以便录制到更加自然的声音。

此功能对外置麦克风无效。

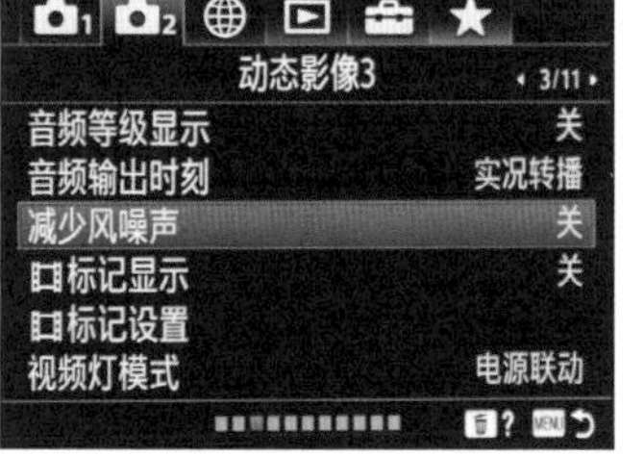

❶ 在**拍摄设置2菜单**的第3页中选择**减少风噪声**选项

❷ 按▼或▲方向键选择**开**或**关**选项，然后按控制拨轮中央按钮

获得本书赠品的方法

1. 打开微信，点击“订阅号消息”。

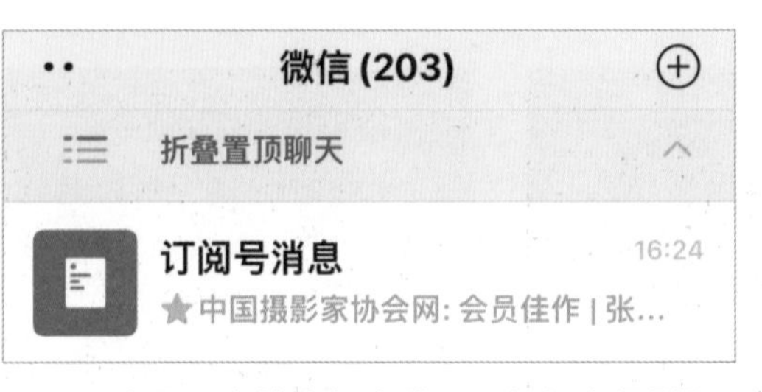

2. 在最上方搜索框中输入“好机友摄影”。

3. 点击“好机友摄影”公众号。

4. 点击右上角的“关注”绿色按钮。

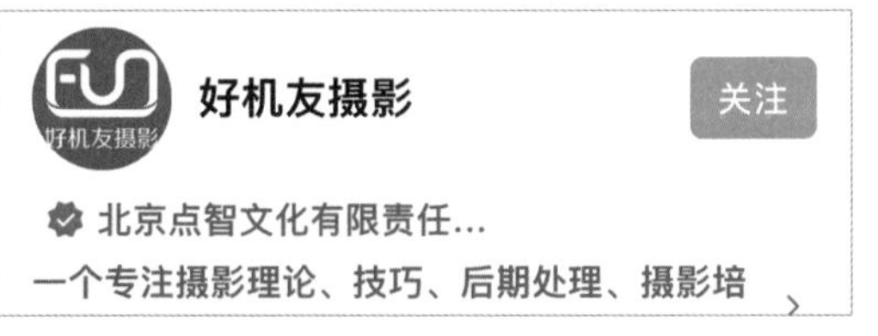

5. 点击左下角的输入图标。

6. 转换成为输入框状态。

7. 在输入框中输入本书第 104 页最后一个字，然后点右下角“发送”，注意只输入一个字。

8. 打开公众号自动回复的图文链接，按图文链接操作。